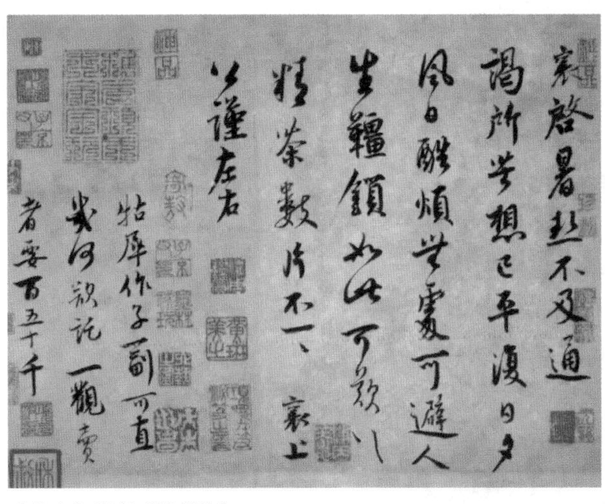

（北宋）蔡襄《精茶帖》

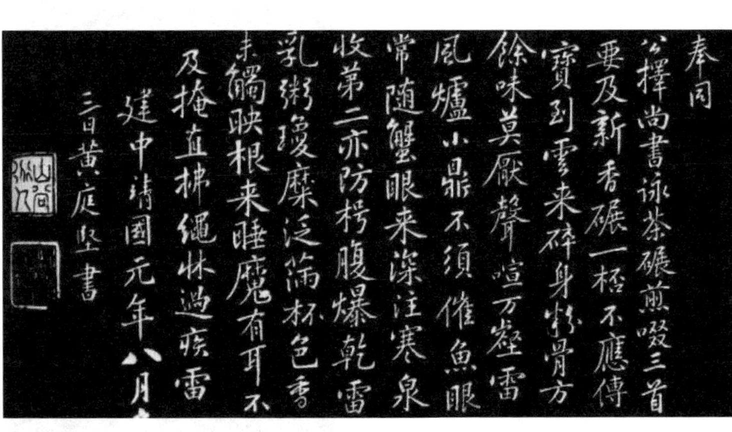

（北宋）黄庭坚《奉同公择尚书咏茶碾煎啜三首》

(明)仇英《松亭试泉图》
绢本设色

（明）丁云鹏《玉川煮茶图》
立轴　纸本设色

（明）丁云鹏《煮茶图》　立轴　纸本设色　无锡博物院藏

（明）文徵明《品茶图》　立轴　纸本设色

（明）唐寅《事茗图》 纸本设色

（明）文徵明《惠山茶会图》 纸本设色

（南宋）钱选《卢仝烹茶图》　立轴　纸本设色　台北故宫博物院藏

（南宋）刘松年《撵茶图》　绢本设色

（清）钱慧安《烹茶洗砚图》　立轴　纸本设色　上海博物院藏

（唐）阎立本《萧翼赚兰亭图》　绢本设色

（元）赵原《陆羽烹茶图》　纸本设色

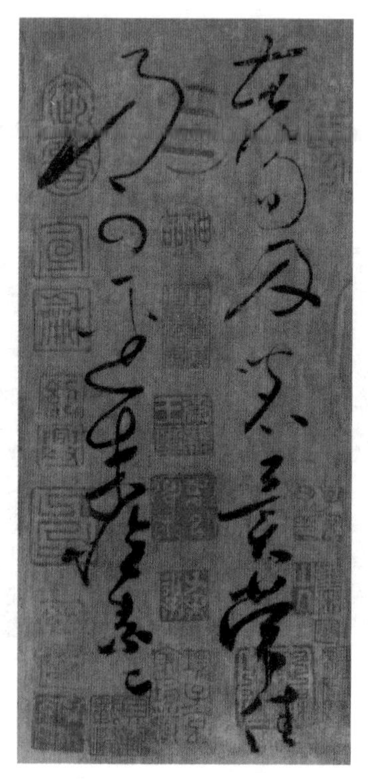

（唐）怀素《苦笋帖》

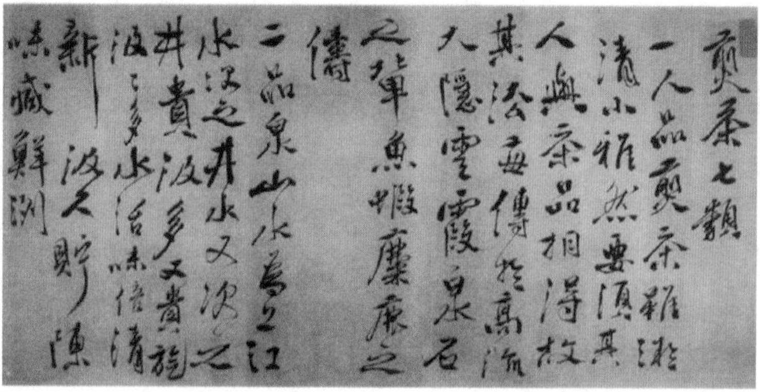

（明）徐渭《煎茶七类》

LOVE TEA SAY

蓝波 著

華中科技大學出版社
http://www.hustp.com
中国·武汉

图书在版编目(CIP)数据

爱茶说 / 蓝波著 . — 武汉：华中科技大学出版社，2021.12
ISBN 978-7-5680-7627-2

Ⅰ．①爱… Ⅱ．①蓝… Ⅲ．①茶文化－中国 Ⅳ．① TS971.21

中国版本图书馆 CIP 数据核字 (2021) 第 218784 号

爱茶说　　蓝波　著
Ai Cha Shuo

策划编辑：杨　静
责任编辑：娄志敏
封面设计：琥珀视觉
责任校对：曾　婷
责任监印：朱　玢
出版发行：华中科技大学出版社（中国·武汉）　电话：(027)81321913
　　　　　武汉市东湖新技术开发区华工科技园　邮编：430223
录　　排：华中科技大学惠友文印中心
印　　刷：武汉精一佳印刷有限公司
开　　本：880mm × 1230mm　1/32
印　　张：9.25
字　　数：130 千字
版　　次：2021 年 12 月第 1 版第 1 次印刷
定　　价：69.00 元

序

收到蓝波同学的信函和近作《爱茶说》的样稿，嘱我为其作序。我自个儿也爱饮茶，同时喜欢诗，特别是那些好诗。浏览之余，发现书稿收集了大量有关茶的诗词、典籍佳句，确确实实查阅了很多资料，做了些许努力，也讲了自己的心得与观点，从而答应作此序。

这是一本关于茶学的综述型作品，开宗明义为著者爱茶且喝茶数年，整理对于饮茶的真实感受与切身体会，大体内容包括五个部分：茶的起源，有关茶的典籍、诗文，茶的分类及功能，湖北名优茶，茶之品饮与文化。然每一节内容都要以前面的几节内容作为基础，顺序安排有其逻辑性、知识性，如第二节《有关茶的典籍、诗文》中的“荼”“茶”演变，就要先通晓第一节《茶的起源》。作者涉猎广泛，介绍得也很详尽，乐于分享，所列参考文献也值得一观。

其中《湖北名优茶》讲解湖北的地理、气候、茶种类，恩施玉露的历史、文化、加工制作、品饮鉴赏等较具细化，也不乏中肯之谈。作者以最熟悉、最有体会、最有特征的恩施玉露作为主角进而推及其余，确有“一隅三反”“触类旁通”的思路。湖北是产茶大省，茶叶面积和产量均居全国第四。茶产业是湖北省脱贫攻坚、助力乡村经济的支柱产业，是百万茶农脱贫致富的希望。这节旨在推广湖北茶的内容,在这样的大背景下是适应时需的(白居易云“文章合为时而著，歌诗合为事而作”)，对读者简要了解湖北茶也具有纲举目张的作用。

第二节《有关茶的典籍、诗文》的确有其特点，作者将典籍（包括古代茶书、茶历史、茶事）或者诗词文赋中论及茶（荼、茗）的内容，有重点、有选择性地摘录下来，还根据时间、年代先后顺序陈列，并指明作者或出处，必要之处作了注释。看一看《神农本草经》：“苦菜，味苦、寒，主五脏邪气、厌谷、胃痹。久服，安心益气、聪察少卧、轻身耐老。一名荼草，一名选，生川谷。”清代陈元龙《格致镜原·卷二十一》：“《本草》：‘神农尝百草，一日而遇七十毒，得茶以解之。’”再读一读唐代皎然《饮茶歌诮崔石使君》：“……素瓷雪色[1]缥沫香，何似诸仙琼蕊浆。一饮涤昏寐，情来朗爽满天地。再饮清我神，忽如飞雨洒轻尘。三饮便得道，何须苦心破烦恼。此物清高世莫知，世人饮酒多自欺。愁看毕卓瓮间夜，笑向陶潜篱下时。崔侯啜之意不已，狂歌一曲惊人耳。孰知茶道全尔真，唯有丹丘得如此。”就是众多类似佳作之一例。唐代茶仙卢仝的《走笔谢孟谏议寄新茶》[2]说：“开缄宛见谏议面，手阅月团[3]三百片。闻道新年入山里，蛰虫惊动春风起。天子须尝阳羡茶，百草不敢先开花。仁风暗结珠琲瓃[4]，先春抽出黄金芽。摘鲜焙芳旋封裹，至精至好且不奢。至尊之余合王公，何事便到山人家。柴门反关无俗客，纱帽笼头自煎吃。碧云[5]引风吹不断，白花浮光凝碗面。一碗喉吻润，两碗破孤闷。三碗搜枯肠，唯有文字五千卷。四碗发轻汗，平生不平事，尽向毛孔散。五碗肌骨清，六碗通仙灵。七碗吃不得也，唯觉两腋习习清风生……”它已然是经典茶诗词中人人称道的典范。又如明代张源《茶录》：“茶有真香，有兰香，有清香，有纯香。表里如一纯香，不生不熟曰清香，火候均停曰兰香，雨前神具曰真香。”“茶以青翠为胜；涛以蓝白为佳……

---

① 茶汤。

② 又称《七碗茶歌》。

③ 指茶饼。

④ 喻茶之嫩芽。

⑤ 指茶的色泽。

雪涛为上，翠涛为中，黄涛为下。”“味以甘润为上，苦涩为下。”“茶者水之神，水者茶之体。非真水莫显其神，非精茶曷窥其体……石中泉清而甘……饮茶惟贵乎茶鲜水灵。”“造时精，藏时燥，泡时洁。精、燥、洁，茶道尽矣。”对茶义的解析就非常精到。诸如此类还有很多，从神农到清代龚自珍不一而足。所有这些，都可以反映作者摘录的是重点、经典名言佳句，使茶弥显眼前，方便读者阅览。

《茶的起源》《茶的分类及功能》《茶之品饮与文化》也大有特色，作者能综合大量学者的研究成果，并联系不断发展的茶学实际，结合自身的习茶、品茶实践，展开认真的思考，作出合情合理的分析，有根有据地立论、说理，在总结的基础上提出了自己对于茶的感悟和思想认识。

我国早有谚语“开门七件事，柴米油盐酱醋茶”。虽然茶居末位，但也与其他六项比肩，是生活七件事之一。在人际交往甚至在国际交往中，常常是茶饭并举，茶还有可能成为馈赠佳品，增进友谊。

中国产茶地域广袤，名茶众多，既有历史名茶、传统名茶，又有新创品种、新型茶饮，就历代统计来看不下成百上千种。庐山云雾、信阳毛尖、黄山毛峰、赤壁青砖茶、君山银针、云台冰菊、茉莉花茶、苦丁茶、普洱茶等，可谓比比皆是。茶出尘，清新淡雅超凡脱俗，淡茶细品，茗香怡爽，温润清心淡定从容。竹院烹茶，临风把盏，人间友谊总惜缘。酒茶悟道思禅，乐在随心自然。酒后雨前茶一壶，恬淡自幽悠，朔韵悟道，最是净心启智。

饮一杯青城贡茶，随即“问道青城山”，人生如茶，茶味人生。首杯味带苦，苦乐相向行；二杯味香柔，温婉似爱情；三杯后味淡，云淡风微轻。我家乡所在的南阳也有堪比西湖龙井的桐柏玉叶、太白银毫、伏牛山绿芽等名茶，极品馈亲友，“太清而不俗”[①]。慢品一杯清茶，找回内心的宁静。既然是兴趣、嗜好，我曾作诗一首：油盐酱醋烟酒辣，小康温饱有人家。梦里如今重品味，琴棋书画曲诗茶。

茶，这一古老而文明的饮料，无论是从实物载体——茶树本身，还是见诸文献典籍，都至少已有数千年的历史了。茶不仅是人们日常生活中尤为重要的物质饮品，同时也是犹如“琴棋书画”般的精神食粮。可以说，茶树悠哉邃古，茶文化源远流长。

茶的原产地是中国，远古的“茶马古道”历史就是一个证明，人类从游牧的生活方式开始，就把茶作为消食的饮料，逐渐发展成后来的酥油茶。茶从中国外传，China 的读音是两个音节“策拉”，读快一点成一个音节就是“茶”。此外，茶的六大类分别是白、绿、黄、红、黑和乌龙，先后被国外引进后，其英文名称

① 蔡襄句。

用了 White、Green、Yellow、Red，黑茶则用了 Dark，乌龙不好译，就用了音译 Oolong。这也表明了茶的原产地正是中国。

本书就茶叶对人体健康的科学价值和文化价值做了很好的阐述。作者收集了大量史料，进行了深入的研究，有独到的见解。这是一本很有价值的书，我十分盼望其能早日付梓，与广大读者见面。我推荐并希望有更多的人读这本书，也深信会使更多的人受益，让他们得到启发和感悟。

中国工程院院士 张雲傳

前言

去年（2020 年）是非常特殊的一年，春节后的较长时间处于疫情状态，对湖北的农业（包括茶业）、农民（包括茶农）等造成了极大影响。我以业余爱好者身份，出于情怀，本想写篇文章推广一下湖北茶，一来可以将空闲时间利用起来，将读书心得稍加整理成文字；二来湖北茶确实很好，写篇文章也是为湖北茶农出点绵薄之力。待我所阅书籍和文献的增多，越写越感到不足，仅仅"湖北名优茶"这一节内容未免太单一，为了对茶学其他方面（包括诗词）做一个基本的交代，于是增补了其他四节内容，集成五说，全文已超 10 万字。所列 167 项主要参考文献仅为所参考千篇以上的资料（书籍、论文、标准规范、网站数据库、调查报告、新闻报道、报纸以及博物馆展示、茶叶博览会、农业博览会等）的一小部分，大致可以反映拙文的依据。2020 年 7 月已完成“湖北名优茶”内容，10 月份应茶友及鹤峰茶叶局邀请，参加“第三届湖北鹤峰茶商大会”，进而增加了一段有关“鹤峰茶”的内容。同年 11 月已将全文寄往武汉分别给杨叔子院士（中华诗词学会原名誉会长）、张勇传院士、樊明武院士（湖北省科协原主席）三位老先生审阅。杨院士年事已高，正在静心疗养，张院士答应作序，樊院士题词。

言由心生，大抵心有所想，付于笔端，人有所喜，往往从其文字表述以窥览，如：周敦颐之《爱莲说》，韩愈之《马说》《师说》《医说》《龙说》，汤显祖之《至情说》等。本书取名《爱茶说》，亦源于我真心爱茶且喝茶已数年。行文旨在表达作者对饮茶的真实感受与切身体会，至于茶学专业的茶树育种、栽培、植保、生理生化、基础理论、科研学术、茶叶生产加工、茶机械、茶器具、经济贸易、茶艺等不做评述，囿于知见所及，若偶有浅尝甚或引用，必会指明出处，未敢掠美，这是最基本的治学态度。所引期刊文献，每得力于“智慧华中大”学术文献资源聚合访问服务平台（免费阅览或下载），学术资源列表涵盖了“中国知网”“万方”“Springer”“nature”等 21 个数据库，深感母校资源之丰富。

我在学校时，曾参加过华中科技大学瑜珈诗社举办的中华诗词写作班，学习古诗词及写作，受教于诸位先生学者。著名建筑学家、建筑教育家、土家吊脚楼研究泰斗、巴楚建筑文化学缔造者张良皋教授曾耳提面命，谆谆教诲，书赐嘉言“敢呈陋见，乃得完篇”，就是要勇敢地说出自己的观点。还有程良骏教授和蔼可亲、音容慈祥的教语“要坚持学习研究数学，应用数学方法去发现和解决问题”也一直念念不忘。程老赐赠的专著涉及了大量的有关水力机械、水轮机振动、启动水头、射流角、漩涡、双偏心涡带、增容、泥沙磨损与气蚀、多变工况等的方程、理论公式和新公式，且融入了他的诗词当中。张勇传院士援引《论语》“欲能则学，欲知则问”、王充《论衡·卷二十六·实知篇》“故智能之士，不学不成，不问不知”和《中庸》“尊德性而道问学，致广大而尽精微”，在多种场合，都劝勉我们：要善于提问，善与人异，要学好，就是要在“问”字上下功夫，问就是求异、好奇、能疑，又强调爱因斯坦观点“提出一个问题往往比解决一个问题更重要”，做学问的最重要的方法是问学，通过问、审问去研究、解答，弄明白了道理就学到了；同时总结几十年人生经历寄语我们：要对学习和工作有浓厚的兴趣，要有理想、有追求，要多动一些脑筋。杨叔子院士于课堂传授诗词的同时，结合从事的机械科研实践，声情并茂地阐述“不同而和”“和而不同”“科学与人文相融”观点，敦嘱“行百里者半九十，人生在勤，贵在坚持”。他们把我领进诗词殿堂，开启诗词大门，并于在校期间及后来的学习中给予了我很多帮助。我由衷地敬拜嘉惠，感激无涯！

建筑学家洪铁成先生亦勖勉我多看、勤思考，善于总结、归纳，并对拙作提出了包括标点符号在内的明显的错漏之处，指导我修改完善。还有其他关心和协助我的老师与友人盛意敦促成书，未遑一一称名申谢，应志铭感。华中科技大学出版社不避烦絮，排印出版，先此致谢。对不惮见教，乐于争鸣，直抒己见，为本书绳愆纠谬的读者预致敬礼。

蓝波　于杭州

2021 年 7 月 15 日

2013 年 7 月 13 日摄于张良皋先生书房

摘要

中国贵州西南部、云南东部和东南部、广西西部（三省接壤地带）是茶树起源的中心，乃世界茶树的故乡。若将起源中心（包括黔西南自治州、广西百色市、云南红河、文山及曲靖东部）圈定在飞镖标盘的10环内（或许起源中心还可以缩小在其中的更小范围），那么云贵高原的滇西南、黔西北（娄山山脉、武陵山脉、川渝盆地南部）、滇中南及毗邻的中南半岛北部可作为十环边界的邻域（邻域是一个特殊的区间，以点a为中心点任何开区间称为点a的邻域）。云南的西南部（西双版纳、普洱、临沧）和中南部大致是茶树的栽培驯化起源地，形成了以大理茶、普洱茶（是由大理茶自然演化而来）等为主体的茶组植物次生中心。川东鄂西是人类利用茶（药用、食用、饮用、种植等）和茶文化的起源和发祥地。我国西南地区是茶树起源和繁衍发展的摇篮。

众所周知，茶和酒是中国两大传统饮品（茶、咖啡、可可并称世界三大无酒精饮料），而且贯穿于整个历史长河中。至迟在唐代，茶不但作为“贡品”“礼品”，而且成为人们日常生活中不可缺少的生活物资，史称“茶兴于唐，盛于宋”。酒之出现在诗词、文章中是司空见惯。“茶益文人思，茶引学士文”，茶之藏于典籍诗文里也层见迭出，本书摘其要依年代、时间先后顺序呈览。

根据《中国茶经》茶类的划分，分为基本茶类和再加工茶类两大部分。基本茶类根据各种茶加工制作中茶多酚的氧化聚合程度由浅入深而归纳为六大类：绿茶、白茶、黄茶、乌龙茶、红茶、黑茶。据当代科学研究，茶叶中至今分离、鉴定的已知化合物达700多种，含有茶多酚、生物碱、氨基酸、蛋白质、糖类、类脂、果胶质、有机酸、色素、维生素、脂多糖、茶皂甙、酶类、芳香物质等有机化合物，无机成分（灰分）包括大量元素（氮、磷、钾、钙、镁、硫、铝、铁、氯、锰、铜）和微量元素（锌、硼、钼、氟、钴、钠、硒、锶、铷、铬、镍、铅、镉、钒、钡、砷、碘、锡、铍、银、铋）等。茶叶功能主要集中在这几个方面。不同的茶类由于原料的不同和加工工艺的显著区别，所制成的干茶物质成分及其含量的多少也是有差别的，就主要的内含物质分别作具体功效简述。茶的利用，随着茶叶天然产物化学的研究，人们不断从茶叶中发现有益于人类健康的营养成分和药效成分，现代茶业的空间十分巨大。

湖北有鄂西北秦巴山、鄂西武陵山及宜昌三峡、鄂南幕阜山、鄂东大别山和鄂中大洪山等五大优势茶区。在恩施富硒的土壤上种植、采摘、加工的茶叶统称为“恩施富硒茶”，若按照恩施玉露标准加工制作的就是“恩施玉露”。诚然，我们可以说恩施富硒茶是湖北优秀茶中的一个真子集，恩施玉露无疑是优秀中的优秀。湖北其他茶区亦“人杰地灵、物华天宝”，名茶辈出。

饮茶已成为人们保健康乐、社交联谊、净化精神、传播文化的纽带。客来敬茶（献茶）一杯，这是中国创立的高雅俭朴的礼仪。茶之品饮衍生的茶道、茶艺、茶礼以及茶仪等，已十分完善且博大精深。茶不但有其本真的、特殊的实用价值，成为人们生活的必需品，对经济有着很好的作用；而且逐渐形成了灿烂夺目的茶文化，成为社会精神文明的一颗明珠。茶文化有益于提高人们的文化修养和艺术欣赏水平，把人类的精神和智慧带到了更高、更广阔的境界。

予爱茶之润唇、润喉、润身、润心，茶所到之处，无不润之，“如春雨之润花，涵濡而滋液；如清渠之溉稻，涵养而勃兴”，泽润万物，净化身心，对身体有益，于精神轻松愉悦。爱茶、爱酒和爱咖啡、可乐、奶茶等新兴饮料，亦同“莲之爱、菊之爱、牡丹之爱”一样，无一定之程式，全在于自己，“所好不同，并各称珍”。我说：敬茶，存谦逊之美；喝茶，有恬淡之趣；惜茶，为好生之德（有人认为茶有第二次生命，如《悯农二首》教人惜饭）。

关键词：茶；茶树；起源；茶诗词；六大茶类；再加工茶；功效；现代茶业；富硒茶；恩施玉露；湖北名优茶；饮茶；茶文化；爱茶；惜茶

目录

茶的起源

“茶者，南方之嘉木也。一尺、二尺乃至数十尺。其巴山峡川[①]，有两人合抱者，伐而掇之。其树如瓜芦，叶如栀子，花如白蔷薇，实如栟榈，蒂如丁香，根如胡桃。其字，或从草，或从木，或草木并。其名，一曰茶，二曰槚，三曰蔎，四曰茗，五曰荈。其地，上者生烂石……野者上，园者次……笋者[②]上，牙者[③]次；叶卷上，叶舒次……采不时，造不精，杂以卉莽，饮之成疾……知人参为累，则茶累尽矣。”这是陆羽的《茶经·一之源》，详细介绍了茶的起源、原产地，而《茶经·七之事》则从茶的文化、历史等方面综合说明中国是茶的发源地，并叙述了茶树的形态特征，茶的字源、名称，茶树生长的生态环境条件，鲜叶品质的鉴

① 指鄂西、川东。

② 指肥硕嫩芽。

③ 指细弱短瘦的茶叶。

别方法及其选用，茶的效用功能、文化内涵等，同时也客观地指出茶类比中药一样有利有弊[①]。“山南，以峡州上，襄州、荆州次……淮南，以光州上，义阳郡、舒州次……浙西，以湖州上，常州次，宣州、杭州、睦州、歙州下，润州、苏州又下。剑南，以彭州上，绵州、蜀州次……浙东，以越州上，明州、婺州次……黔中……江南……岭南……其思、播、费、夷、鄂、袁、吉、福、建、韶、象十一州未详，往往得之，其味极佳。”《茶经・八之出》记述了中唐时期的茶叶地理，包括产茶区域和同一区域内的茶叶品质（评价为上、次、下、又下），还将不同区域的茶叶品质进行了比较，对不熟者则诚实地说“未详”，体现了求真务实的科学态度。

《茶经》所称“南方”泛指山南道、淮南道、江南道、剑南道、岭南道和黔中、浙东、浙西所辖地区，与现今我们所称的南方——秦岭－淮河以南所辖地区基本一致，包括四川、湖北、湖南、江西、安徽、江苏、浙江、福建、广东、广西、云南[②]、贵州诸省，重庆、上海两市以及陕西、河南两省的南部。茶不仅是“南方之嘉木”，北方也有。早在二十世纪三四十年代，胡浩川先生在《中国茶树原是乔木大叶种》中就谈到在河北晋县、山西浮山县、山东高胶县等地发现大茶树。1964 年西藏林芝市波密县易贡乡植茶成功和

① 若采造不得法，茶叶就会有害。

② 南诏国。

1966年山东日照“南茶北引”试种成功之后，藏东南、山东[①]也产茶了，甘肃陇南、台湾[②]、海南[③]均产茶。

有学者认为南方的五道[④]和开元时新分出的三地[⑤]，并非严格意义的八道，而是产茶区域。现今我国茶区划分为3个级别——一级茶区、二级茶区、三级茶区，其中4个一级茶区为：西南茶区、华南茶区、江南茶区、江北茶区。

茶，是中华民族的举国之饮。我国植物学家钱崇澍先生（1883～1965）根据国际命名和对茶树特性的研究，确定茶树拉丁文名为[Camellia sinensis（L.）O.Kuntze]，是多年生、常绿、木本植物，有灌木或小乔木、乔木三种树形。在植物分类系统中，茶树属被子植物门，双子叶植物纲、原始花被亚纲，山茶目，山茶科，山茶属，茶组。另外也有非山茶科的茶，如老鹰茶[⑥]、老姜茶[⑦]、钩藤茶[⑧]、杜仲茶[⑨]、藤茶[⑩]、胖大海茶[⑪]、薄玉茶[⑫]、人参茶[⑬]、沙棘

---

① 沂蒙山在南茶北引之前有少量野生茶树。
② 1810年从福建引种茶树。
③ 1958年白沙农场开始垦荒种茶。
④ 唐贞观元年分天下十道。
⑤ 黔中、浙东、浙西。
⑥ 樟科。
⑦ 姜科。
⑧ 茜草科。
⑨ 杜仲科。
⑩ 葡萄科。
⑪ 梧桐科。
⑫ 麻黄科。
⑬ 五加科。

茶[1]、丹参茶[2]、桑芽茶[3]、雪茶[4]、柿叶茶[5]、儿茶[6]、青豆茶[7]、番泻叶茶[8]、葛根茶[9]、银杏茶[10]、竹叶茶[11]、玉米须茶[12]、黄金茶[13]、甜茶[14]、红枣茶[15]、桂花茶[16]、枸杞茶[17]、金钗石斛茶[18]、金银花茶[19]、雪莲花茶[20]、菊花茶[21]、蒲公英茶[22]、莲花茶[23]、连翘茶[24]、明日叶茶[25]、

---

① 胡颓子科。
② 唇形科。
③ 桑科。
④ 地茶科。
⑤ 柿科。
⑥ 豆科。
⑦ 豆科。
⑧ 豆科。
⑨ 豆科。
⑩ 银杏科。
⑪ 禾本科。
⑫ 禾本科。
⑬ 蜡梅科。
⑭ 蔷薇科、壳斗科。
⑮ 鼠李科。
⑯ 木犀科。
⑰ 茄科。
⑱ 兰科。
⑲ 忍冬科。
⑳ 菊科。
㉑ 菊科。
㉒ 菊科。
㉓ 睡莲科。
㉔ 木犀科。
㉕ 伞形科。

卢芽仙草茶[①]、酸枣芽茶[②]、牛蒡茶[③]、决明子茶[④]、薄荷茶[⑤]、甘草茶[⑥]、奇楠沉香茶[⑦]、石楠茶[⑧]、泰山女儿茶[⑨]、罗布麻茶[⑩]、车前草茶[⑪]、青钱柳茶[⑫]、陈皮茶[⑬]、苦荞茶[⑭]、苦丁茶[⑮]和绞股蓝茶[⑯]等。我们将山茶科茶树的品种按树型[⑰]、叶片大小[⑱]和发芽迟早[⑲]三个主要性状，分为三个等级，作为茶树品种分类系统。

栽培型茶树的主要特征：灌木、小乔木树型，树姿开张或半开张，嫩枝有毛或无毛，越冬芽鳞片 2 ～ 3 个。叶革质或膜质，叶色多为深绿，少数黄绿色，叶长 6 ～ 15 厘米，叶片有角质层，长圆形或椭圆形，先端钝或尖锐，基部楔形，上面发亮，下面无

---

① 唇形科。
② 鼠李科。
③ 菊科。
④ 豆科。
⑤ 唇形科。
⑥ 豆科。
⑦ 瑞香科。
⑧ 蔷薇科。
⑨ 梧桐科。
⑩ 夹竹桃科。
⑪ 车前草科。
⑫ 胡桃科。
⑬ 芸香科
⑭ 蓼科。
⑮ 木犀科、冬青科。
⑯ 葫芦科。
⑰ 乔木型、小乔木型、灌木型。
⑱ 特大叶、大叶、中叶、小叶。
⑲ 早芽种、中芽种、迟芽种。

毛或初时有柔毛。叶柄无毛，嫩叶叶背有茸毛，除主脉外，大多具有基部短、弯曲度大的特征。叶片在茎上呈螺旋状互生，叶面平或隆起，主脉明显，并向两侧发出 6 ～ 10 对侧脉。侧脉延伸至离边缘三分之一处向上弯曲呈弧形，与上方侧脉相连，构成封闭的网脉系统。叶片边缘有锯齿 16 ～ 32 对，近叶柄处平滑无锯齿。花腋生或顶生，花梗长 3 ～ 8 厘米；萼片 5 ～ 8 片，阔卵形或圆形，无毛或有毛；花冠直径 2 ～ 4 厘米；花瓣 5 ～ 8 枚，阔卵形，基部略连合，背面无毛，有时有短柔毛；子房有毛或无毛；花柱无毛，先端 3 裂；花期每年 10 月至翌年 2 月。果多呈球形、肾形、三角形，果径 2 ～ 4 厘米，果皮厚 0.1 ～ 0.2 厘米。茶树的染色体基数为 15，一般茶树品种的染色体数均为其基数的 2 倍，即 $15 \times 2=30$，故称为二倍体，也有三倍体、四倍体及以三倍体为主并嵌合不同比例的非整倍体的树种。在热带地区有乔木型野生茶树，高达 15 ～ 30 米，基部树围 3 米以上，树龄可达数百年至上千年。野生型 / 过渡型茶树（Wild / Transitive type tea plant）形态特征详见参考文献第 8 条。

当今已知最老的野生茶树为云南省普洱市镇沅县哀牢山自然保护区千家寨 2700 多年的野生茶树王[①]，乔木型，树高 25.6 米，树幅 22 米，基部干径 1.2 米。另一棵具有代表性的野生大茶树生长于云南省西双版纳傣族自治州勐海县西定乡巴达村贺松寨大

① 海拔 2450 米。

黑山原始森林中[①]，原高 32.12 米[②]，基部干径 1 米，树幅 8.8 米，树龄 1700 余年。最具代表性的野生大茶树是云南省普洱市澜沧县富东乡邦崴村的大茶树[③]，树龄为 1000 余年，树高 11.8 米，树幅 9 米，基部干径 1.14 米，此树为野生茶树与栽培型茶树杂交而成，因此被称为“过渡型野生茶树”[④]。云南临沧市凤庆县小湾镇锦绣村香竹箐半坡上，生长着一棵栽培型古茶树（海拔 2245 米），树高 9.30 米，树幅 11.1×11.3 米，胸径 1.84 米，围粗 5.84 米，堪称世界之最，经有关专家学者多次实地考察与鉴定，已有 3200 年的历史，是目前世界上发现的最古老、最粗大的栽培型古茶树，民间亦称“锦绣茶祖”。

1980 年 7 月 13 日，在贵州省黔西南布依族苗族自治州晴隆县尹家箐发现茶籽化石三枚[⑤]，经中国科学院南京地质古生物研究所鉴定，确定为第三纪末至第四纪初四球茶 / 茶籽化石，距今至少有 100 多万年了。

2004 年，浙江省余姚田螺山遗址发现 6000 年前人工种植茶树遗存。

贵州省 88 个县（市、区）中，有 54 个县拥有古茶树，具有

---

① 海拔 1890 米。

② 现高 23.6 米。

③ 海拔 1990 米。

④ 由野生型向栽培型过渡。

⑤ 现场调查，该地主要是三叠纪地层，形成于 2400 万年前。

一定规模[①]相对集中连片的古茶园达 18 处，200 年以上的古茶树 15 万株以上，其中千年以上的古茶树上千株。普安县普白林场和马家坪的野生古茶树被中国农业科学茶叶研究所虞富莲先生等专家鉴定为国内最古老、最大的四球茶（Camellia tetracocca）野生古茶树群落，是珍稀的古茶树资源，在茶树的起源、演化和分类研究上具有重要的学术价值。贵州古茶树分布范围之广、数量之多、树龄之长，实属罕见，如此丰富的古茶树资源是贵州茶产业之基、文化之脉、品牌之魂、基因之库。2017 年 9 月 1 日，全国首部省级层面关于古茶树保护的地方性法规——《贵州省古茶树保护条例》正式施行。2019 年 6 月 27 日，贵州古茶树集中连片地区联合申报“全球重要农业文化遗产”项目正式启动。

现将与茶树起源有关的典籍记载，与茶（荼）有关的地名记载等扼要摘录于下：

东晋常璩《华阳国志 · 蜀志》云：“蜀王别封弟葭萌于汉中，号苴侯，命其邑曰葭萌焉……南安[②]、武阳[③]，皆出名茶。”这是我国以茶命人、命地的最早记载。

《茶陵图经》云：“茶陵者，所谓陵谷生茶茗焉。”西汉元封五年，长沙国设“茶陵”县[④]。这是我国以茶命县的最早记载。

---

① 1000 亩以上。

② 乐山县。

③ 彭山县。

④ 炎陵县，古属茶陵县，存有神农墓、神农庙。

长沙马王堆一号墓[①]和三号墓[②]随葬清册中有“槚”“笥”[③]的竹简和“荼陵”封泥印鉴。有人考释出这个槚字就是“槚”的异体字。

西汉扬雄《方言》云：“蜀人谓荼曰‘葭萌’，盖以荼氏郡也。”

三国时期，云南有民间传说：古六大茶山[④]的茶树是蜀汉丞相武侯诸葛亮所种。云南省思茅市[⑤]据说就是为纪念诸葛亮[⑥]为当地茶叶事业所做出贡献而得名的。

西晋孙楚《出歌》云：“茱萸出芳树颠，鲤鱼出洛水泉……姜、桂、茶荈出巴蜀。”

西晋《荆州土地记》载：“武陵七县通出茶，最好。”[⑦]

东晋裴渊《广州记》[⑧]云：“西平县[⑨]出皋芦，茗之别名，叶大而涩，南人以为饮。”

南朝宋山谦之《吴兴记》云：“乌程县[⑩]西二十里，有温山，出御荈。”

唐苏敬《新修本草·菜部》云：“苦菜，一名茶，一名选，

---

① 公元前160年。

② 公元前165年。

③ 茶箱。

④ 易武、革登、倚邦、莽枝、蛮砖、基诺。

⑤ 现普洱市。

⑥ 南征途中染疾，诸葛亮将茶叶烹煮茶汤以除瘴气，被奉为“普洱茶祖”。

⑦ 参见《北堂书抄》。

⑧ 或作《南海记》。

⑨ 今广东惠阳县西。

⑩ 今湖州。

一名游冬；生益州[①]，川谷山陵道旁，凌冬不死，三月三日采干。”

唐《坤元录》云：“辰州溆浦县西北三百五十里无射山，云蛮俗当吉庆之时，亲族集会歌舞于山上，山多茶树。”

汉《括地图》云：“临蒸县[②]东一百四十里，有茶溪。”

隋《夷陵图经》云：“黄牛、荆门、女观、望州[③]等山，茶茗出焉。”

隋《永嘉图经》云：“永嘉[④]县东三百里，有白茶山。”

唐《淮阴图经》云：“山阳县[⑤]南二十里，有茶坡。”

清代顾炎武《日知录》云：“自秦人取蜀而后，始有茗饮之事”，认为各地对茶的饮用，是在秦国吞并巴、蜀以后才慢慢传播开来的。[⑥]

---

① 指川西平原。

② 衡阳县。

③ 西陵山。

④ 永嘉县，今温州，有说其东是福鼎太姥山。

⑤ 楚州淮阴郡，统山阳县、淮阴县，今淮安。

⑥ 《汉书·地理志》称：“巴、蜀、广汉本南夷，秦并以为郡。”巴蜀的范围很广，居住除巴人和蜀人族群外，还有濮、存、苴、共、奴等许多其他少数民族，在夏商和西周时，还停留在原始氏族阶段，至春秋、战国时期仍然属于“南夷”（“夜郎自大”就是出自南夷小国的典故）的化外地区，秦统一后才置郡的。贵州建省始于明永乐十一年（1413 年），建省之前分属于四川、云南、湖广（今湖北、湖南二地）三省。典籍中的古巴蜀应是包括以巴人和蜀人为主的多民族“南夷”聚居地（不局限于某个省某个市），含云南、四川、贵州等地及陕西秦岭以南的鄂西、湘西、桂西北等区域。所以，笔者认为顾炎武说的饮茶起源于巴蜀是正确的，但巴蜀的范围太广了，不能作为“茶树起源中心定位在某个局部”的证据。

在古代史料中，茶的名称很多。在“茶”确立之前，有一个从药食同源的“荼”字逐渐演变和形成的时期，我们认为“荼”就是“茶”的古体字。《诗经》《楚辞》《神农·本草经》《尔雅》《夏小正》《礼记》《华阳国志》等书中都有关于“荼”的记述。

茶的发展史告诉我们，茶是在不同时期、不同地区，被不同的人相继发现和利用的。由于古代人对茶的不同认识，加之地域的障碍、语言的差异以及文字的局限，致使对茶有着多种称呼。但在唐以前，对茶的称呼虽然有很多（如荼、茗、荈、蔎、槚、水厄、皋芦、不夜侯、诧、清友、瓜芦、涤烦子、余甘氏、苦口师、云腴、雀舌、森伯、葭萌、碧霞、瑞草魁、流华、玉蕊、翘英、嘉草、先春、甘露、灵草、仙芽、绿华、蓝英、玉瓜、清风等），但用得最多、最普遍、影响最深的乃是“荼”字。只是随着社会的发展和科学文化水平的提高，“荼”字才会从一名多物或者多名一物的汉字中独立出来，演变成特定的专有名词。晋代郭璞《尔雅注》说：“槚，苦荼，树小似栀子……蜀人名之苦荼。”五代徐铉注释《说文解字》时认为荼“即今之茶字”。北宋邢昺曰：“今呼早采者为荼，晚取者为茗。”元代王祯的《农书》也认为“六经中无茶字，盖荼即茶也”。“茶”字从“荼”字中分化出来直到专指茶，同样也有一个发展和演化的过程。我们知道，一个独立完整的字，至少由三个部分组成，即“形”“音”“义”，三者缺一不可。

史料表明，从“荼”字形演变成“茶”字形，始于介绍汉代官、私印章分韵的著作《汉印韵合编》，但当时还没有“茶”字音，也不知具体指的是何物。由“荼”字音读成“茶”字音，始见于《汉书·地理志》，其中写到今湖南省的茶陵，古称荼陵，曾是西汉荼陵侯刘沂的领地，人称茶王城，是当时长沙国13个属县之一。据报道，在湖南发掘出土的数以百计、一模一样的唐朝茶碗中，有一件在碗内底部，竟特别烧制有“荼碗”两字。很明显，这只碗就是专门用来作茶碗的。唐代颜师古曾注解此地的“荼”字读音为：“音弋奢反，又音丈加反。”汉唐时期，“荼”虽有“茶”字义，已接近“茶”字音，但没有“茶”字形，因此，人们还无法定论那时“茶”字是否已经确立。所以，南宋魏了翁在《邛州先茶记》说，荼陵中的“荼”字虽已转入茶音，但未敢辄易字文。魏了翁认为，“茶”字的确立，“惟自陆羽《茶经》，卢仝《茶歌》，赵赞‘茶禁’以后，则遂易荼为茶，其字从草，从人，从木”。明代杨慎在《丹铅杂录》中也持相同看法：“周诗纪荼苦，春秋书齐荼，汉志书荼陵。颜师古、陆德明虽已转入茶音，而未易文字也。至陆羽《茶经》，玉川《茶歌》，赵赞‘茶禁’以后，遂以荼易茶。”

据此，明末清初的学者顾炎武在《唐韵正》中考证后认为：“愚游泰山岱岳，观览唐碑题名，见大历十四年刻荼药字，贞元十四年刻荼宴会，皆作荼……其时体未变。至会昌元年柳公权书

《玄秘塔碑铭》，入大中九年裴休书《圭峰禅师碑》茶毗字，俱减此一画，则此字变于中唐以后也。”清代训诂学家郝德懿则在《尔雅义疏》中也认为：“今荼字古作荼……至唐朝陆羽著《茶经》始减一画作茶。”但唐代陆羽自己在《茶经》中说：“其字，或从草，或从木，或草木并。”接着在同书注释中又指出：“从草，当作茶，其字出《开元文字音义》；从木，当作‘搽’，其字出《本草》；草木并，作‘荼’，其字出《尔雅》。”其实，这种看法，也不足为奇，因为一个新文字的出现，正如由繁体字转化成简体字一样，总有一个新老交替的使用时期。据此分析，中唐时，陆羽在对茶有着众多称呼的情况下，在著述世界第一部茶叶专著时，就规范了茶的语音和书写符号，将“荼”字减去一画，一律改写成“茶”字，使“茶”字从一字多义的“荼”字中固定下来，并被人们一直沿用至今，从而确立了一个形、音、义三者兼备的“茶”字，结束了对茶的称呼混淆不清的历史。

我国植物学工作者对川、黔、滇诸省的野生大茶树进行认真考察，论述了茶树的原产地问题，如：胡浩川《中国茶树原是乔木大叶种》，吴觉农《茶树原产地考》《略谈茶树原产地问题》，陈文怀《中国茶树品种演化和分类的商榷》，刘其志《贵州茶树品种资源种类与起源》《茶的起源演化及分类问题的商榷》，陈椽、陈震古《中国云南是茶树原产地》，陈兴琰、刘祖生《我国的大茶树》，王廉《茶考》，钟渭基《四川野生大茶树与茶树原产地问题》等。各家在原产地的整体区域上的看法基本相同，但深入考察的具体地点不同、论据各有侧重点、研究所运用的方法也不尽相同，对起源中心的说法有自己一定的倾向性，略有分歧。

刘其志先生提醒我们说，“茶树在未经栽培以前的历史时期较栽培后的时间更为长久，因此关于茶的起源时期应从茶的科、属、种进化上结合古生物学来加以研究，应把研究的眼界放得更长、更广些”，又指出，“三叠纪末期，海水退出华南，贵州大部升起为陆，以后即未再受到海浸；侏罗纪和白垩纪，仅在部分陆盆沉积了陆相紫色酸性砂页岩，并在山麓地带堆积了第三纪时期的冲击红土和砾岩。茶树在漫长的野生历史时期中，广大云贵高原地区自有其发展分布的天地。云贵高原西南大斜坡、东北大斜坡的地壳断裂深谷内没有受到第四纪黄土的影响，发现的大量野生大茶树都集中在紫红色土壤上”。刘先生将我国茶种的分布主要划分成：三个大的演化生态区即云贵高原南向大斜坡、东南大斜坡、东北大斜坡；两个主要的中间地带为滇东南及桂西一带[①]，苗岭、南岭等五岭一带[②]。罗庆芳先生在《贵州高原，茶树主要的起源地》一书中对刘其志先生的论述做了进一步的解读与拓展，指出“茶树这种被子植物，不可能在海相沉积的石灰岩为成土母质的土壤上生长，只有在陆相沉积的酸性砂质岩为成土母质的土

① 云南大叶茶和广西高脚茶的自然杂种。

② 沿贵州东南部、湖南、江西南部、两广北部直到福建，品种资源丰富多彩。

壤上才能生长”，还列举了丰富的贵州野生茶树资源，尤其是其中有关务川大树茶[①]的简单儿茶素含量对比分析和茶树分布，重申了“茶树起源于云贵高原，其中心地带在黔滇桂台向穴处”的观点。

吴觉农先生在《我国西南地区是世界茶树的原产地》中指出：“凡是发现野生茶树的地方，有可能是茶树的原产地，也有可能是茶树原产地的边缘，更有可能是在历史时期中由外地传到这里安家落户，而不是当地的原产。我们所说的茶树原产地，是茶树在这个地区发生发展的整个历史过程，既包括它的元祖后裔，也包括它的兄弟姐妹……这就需要从古地理、古气候、古生物学的观点来加以考察，不能仅仅根据一时的现象就下结论……同一种植物当然有一个共同的原种，正是这个共同的原种最初从同属的其他植物中分化出来，但是这个共同的原种已不存在，只有在化石中才可能找到。现存的后代植物中各自具备了原种所赋予的遗传共性，也各自具备了某些变异特性……向着各自适合的方向演变……现存的变种[②]都已不是共同原种的原样了，它们当然有一个共同的茶种祖先……像这样以短暂时期内的自然条件来论证悠久的茶树植物发生发展的整个历史过程，这是极不恰当的。”接着吴老借茶树的“种外亲缘”和“种内变异”[③]的外因问题[④]，

① 有的是千年以上。

② 阿萨姆变种、武夷变种。

③ 主要包括小叶种和大叶种的变异、乔木型和灌木型的变异。

④ 两个主要外因是喜马拉雅运动与第四纪冰河期。

论证了“中国西南地区[1]是茶树原产地”的观点，归纳出“我国的这一地区正是山茶科植物的发源地，这里发生了一系列的造山运动[2]，地面上升，河谷下切[3]，木科植物在长期的地貌与气候的变异中[4]受到锻炼，逐步演化，才造成了今天丰富多彩的包括茶树和它的种外亲缘在内的山茶科植物世界”的结论，分析概括了“自第四纪以来，全世界经历过好几次冰河期，对所有植物造成极大的灾害。云南受到冰河期的灾害影响不大，所以云南的大叶种茶树没有受到严重影响，保存最多。川南、黔北等地则受害较轻。大批生长在冰河地区的茶树遭到毁灭性的打击，生长在河谷低地温暖地区的得以幸存。部分生长在中等海拔地区的茶树，则逐渐发生适应于当地恶劣环境的变异，经过自然筛选，继续向着灌木化、小型化、耐寒抗旱的方向发展，构成极广大的小叶种植被”等不同形态特征的茶树种类。

张宏达先生在《茶树的系统分类》《茶叶植物资源的订正》中表明：山茶属主要分布在我国西南部及南部，以云南、广西、广东横跨北回归线前后为中心，向南北扩散而逐渐减少，集中分布在云南、广西和贵州三省的接壤地带。山茶属是山茶科中具有较多原始特征的一群，具有系统发育上的完整性和分布区域上的

---

① 即云南、贵州、四川。

② 即喜马拉雅运动。

③ 形成了川滇纵谷、云贵山原。

④ 指分割成了许多小地貌区和小气候区。

集中性。我国西南部及南部不仅是山茶属的现代分布中心，也是它的起源中心。

钟渭基先生的《四川野生大茶树与茶树原产地问题》通过比较野生茶树最简单的L–表儿茶素和D–儿茶素、L–儿茶素的含量以及全氮含量等主要性状，认为云南大叶茶、四川野生大茶树、江华苦茶都在相同或不同方面保留了若干原始性状，都是同样古老的茶树群体，有着共同的祖先，在茶树分类上可并列为变种。钟先生进而推测认为茶树起源在整个云贵高原及其边缘地区，川南盆沿是茶树原产地的一部分。

庄晚芳先生通过深入调研茶史、世界野生大茶树的多样性及其分布，并结合古地理、古历史、古生物学以及茶树遗传性、变异性等资料，发表论文《茶树原产于我国何地》，文中援引苏联植物学家瓦维洛夫（Вавúлов）提出的物种起源中心学说——“认为某种植物变异最多的地方，是这种植物起源的中心地”，分析得到我国西南和华南各省，是茶树变异最多的地区。庄先生总结出“从地形、山脉来分析，现有的大茶树，以大娄山山脉为中心的地带，川黔交界地区和云南无量山以西，云岭以南的澜沧江沿岸地区为最多；其次为南岭五岭山脉的黔西南、桂北和湘南地区；此外近大巴山、武陵山的鄂西和湘西地区的茶树类型也很多；福建武夷山和戴云山一带的安溪，茶树品种之多为各省之冠”。庄老提出，“川、黔、滇三省交界的大娄山脉茶树类型最多，变异很大。茶树起源中心在云贵高原及其邻近的川、桂、湘等边区[①]是比较合理的。我国是世界茶树原产地。”[②]

史念书先生在《中国茶业史略》中指出，神农传说所代表的年代，大致相当于始有医药的原始采集时期至始陶原始农业时期这样一个阶段，推定茶的起源至少已有一万多年的历史。史先生通过对《括地志》《荆州记》《华阳国志·巴志》及《庄子》等古籍中神农传说和古代巴蜀族源的考证指出：“巴地是我国古代茶叶的摇篮。蜀地茶叶主要是巴人发展起来的，巴蜀只是中国茶业的一个最初统一发展中心，茶业起源的地域不是巴蜀而是在现今的湖北西部、重庆东部。”

虞富莲先生 1986 年发表的《论茶树的原产地和起源中心》一文，根据云南茶树资源的考察结果和物种起源说，从云南茶种的数量、新种的发现、茶种的水平和垂直带分布规律、茶种形态结构的特点等，论证指出云南是茶树的原产地。虞先生考察的云南茶种占世界茶种总数的 80%，援引张宏达先生“山茶属大多数种类的分布区都很狭窄，因此各地区的特有种很多，尤以中心分布区的特有种最多”的看法，结合云南东南地区地质历史、

---

① 即古代巴蜀国的所在地，也是少数民族居住的山地。

② 武陵山脉，盘踞湖北、湖南、重庆、贵州四省市的交界地带，属云贵高原云雾山的东延部分，山系呈东北—西南延伸，弧顶突向北西，新华夏构造带之隆起。大娄山脉，位于贵州省北部，是中国云贵高原上的一座山脉，为东北—西南走向，呈现向南东凸出的弧形。两座山脉在渝东南结合。

原始型茶种的分布规律及茶种系统发育演变结果，认为在北纬22°40′～24°10′，东经103°10′～105°20′的文山、红河两州内的狭长区域才是茶树的起源中心。

何昌祥先生的《从木兰化石论茶树起源和原产地》论述了木兰是被子植物之源，分析了木兰化石的时空分布、古气候和古地理环境，通过对比茶树和宽叶木兰的叶片形态、叶脉构造、侧脉特征、叶尖形态等性状，并结合它们之间的生态习性均有较大相似性，推想茶树是由古木兰科演化而来，作出了“茶树的原产地应在我国云南西南部”的结论。

闵天禄先生在《山茶属山茶组植物的分类、分化和分布》中指出，热带亚洲是山茶属的起源地和山茶科的原始分化中心。在我国热带北缘的广西南部、云南东南部至南部以及中南半岛的越南、柬埔寨、老挝等国边境，集中了山茶属中最原始的类群。同时，云南东南部、广西西部和贵州西南部的亚热带石灰岩地区也是茶组植物原始种最集中的区域，并与上述原始类群分布区一致，因此他认为：茶组植物是由古茶组演化而来的，这一地区应是茶组植物的地理起源中心。

杨士雄先生[①]认为：云南南部和东南部、贵州西南部、广西西部以及毗邻的中南半岛北部地区，是茶组植物的可能地理起源地，因为这一地区处在山茶属以及山茶属的近缘类群——核果茶

---

① 此观点发表于2007年。

属的起源地范围之内。

2007 年虞富莲先生根据苏联遗传学家瓦维洛夫在《栽培植物的起源中心》中论述的“具有该作物及其野生近缘种最大遗传多样性的地区就是该作物的起源中心”的理论和张宏达《中国植物志》指出的分类系统中的 34 个茶种，并结合滇、桂、黔茶树种质资源考察发现云南的红河、文山、曲靖，贵州西南部的兴义、晴隆，广西西北部的隆林、那坡等地都有大量原始型茶种分布。从物种进化的原始性角度考虑，并结合这一地带古老而稳定的地质历史，虞先生认为云南东南部和南部、广西的西北部、贵州的西南部是茶组植物的起源中心。

英国生物学家达尔文曾说：“每一个种都有它的起源中心，这一规律是存在的。一个中心也就是这一个物种分布区的起源中心。因为每个种最初都只出现于一个区中，然后从这里向四周迁移到分布环境和从前及目前的条件所允许的地方去。”苏联植物学家乌鲁夫也说，许多属是起源中心在某一个地区的集中，指出了这一个植物区系的发源中心。

我国植物学家[①]根据对地质年代[②]的考察研究，指出了中国植被形成、演变与分布的地理条件，认为高等被子植物起源于中生代的早期，山茶科植物的厚皮香属[③]起源于中生代末期白垩纪。

① 主要有钱崇澍、胡先骕等。

② 主要是其中地质变迁、气候变化等。

③ 已发现确认的化石。

在山茶科里，山茶属[①]是比较原始的一个种群，起源于新生代早期，分布在劳亚古大陆[②]的热带和亚热带地区。茶树在山茶属中是比较原始的一个种，据推测至今已有6000万～6500万年的历史了。吴征镒先生指出，“我国西南地区位于劳亚古大陆的南缘，我国云南西北部、东南部、金沙江河谷，贵州西南、川东、鄂西和南岭山脉，不仅是第三纪古热带植物区系的避难所，也是这些区系成分在古代分化发展的关键地区”。

在我国丰富的茶树种质资源中，有一类非人工栽培的大茶树，俗称野生大茶树。它通常是在一定的自然条件下经过长期的演化和自然选择而生存下来的一种茶树，不同于人工栽培后丢荒的“荒野茶”。野生大茶树主要有五个集中分布区：一是滇、桂、黔大厂茶分布区，二是滇东南厚轴茶分布区，三是滇西南、滇南大理茶分布区，四是滇、川、黔秃房茶分布区，五是粤、赣、湘苦茶分布区。野生大茶树主要集结在北纬30°线以南，其中尤以24°线附近居多，并沿着北回归线向两侧扩散，这与山茶属植物的地理分布是一致的。

单从现有野生型、过渡型或栽培型茶树来分析判断茶树的起源地，显然是不严谨、不全面的，因时空差距太大，起源时自然条件较之现在也有很大的不同，但它们确是不可跨越的主要实物

---

① 山茶属是常绿阔叶林的下木。

② 动力地球板块漂移学说。

载体。即便是几千年的野生茶树，甚至是6000年前的人工种植茶树遗址，都是最原始茶树的几万代或几十万代的子孙，这是非常惊人的事实[①]。“同一植物当然有一个共同的原种”，真正原始的茶种早已不复存在，只能借鉴于地质化石。因此，茶树植物的起源问题须综合古地理、古气候、古生物学、地质学、植物学[②]、考古学、生态学、遗传学等学科领域，结合现存茶树的自然分布、原始特征、进化性状及其生存条件，运用“三重证据法”[③]等现代科学方法深入考察、分析、研究、论证。

为阐述茶树原产地问题，先把有关茶树原产地中心的几种主流观点简单梳理一下，大致有：“云南地区[④]”说、“云贵高原”说和“川东、鄂西”说。然而贵州晴隆县发现的3枚100多万年前的茶籽化石[⑤]，我想，也是毋庸置疑的硬核证据，因此可以十分肯定：茶树的原产地中心不能把黔西南排除在外。

何昌祥先生“滇西南”说的论证，沿着他的思维逻辑倒有理有据，但因其很大程度建立在推想上，忽略了地质[⑥]的形成与变化过程，因此有待进一步探讨、证明。至于“川东、鄂西”说，

---

① 孔子到现在的孔氏后裔也才八十代左右。

② 主要是茶中植物的分类分布、进化演变。

③ 文献、考古发现如化石及古茶树、民族学材料如民族志与方言及饮茶习俗。

④ 滇西南、滇东南。

⑤ 被确认为第三纪至第四纪四球茶。

⑥ 滇西地槽。

则是主要建立在上古神农传说以及文献记载等论据上，这在茶树植物长达几千万年的生存、演变历史中是非常短暂的。虞先生1986年的论述——“文山、红河两州内的狭长区域为茶树的起源中心”，逻辑严密、思路清晰，茶树实物数据充分，推断顺理成章，看似毫无破绽，但仅从现有茶树这一维的角度分析立论，而未考察茶树出现于第三纪到喜马拉雅运动前，喜马拉雅运动后到第四纪冰河期，冰河期过后这三个时期的地质动态状况以及气候条件动态变化中茶树的生存及演变等情况，就把贵州西南排除在外亦不合理。借用吴觉农先生的卓见——“凡是发现野生茶树的地方，有可能是茶树的原产地，也有可能是茶树原产地的边缘，更有可能是在历史时期中由外地传到这里安家落户，而不是当地的原产”。加之，陈文怀先生也说“野生茶树是研究茶树起源、进化的宝贵材料，但不是原产地的唯一证据”。因此要对茶树原产地的中心下结论，我认为应满足三个基本条件：时间年代符合茶树起源要求[①]、野生古老茶树或古老茶树遗存、茶树物种多样性且有比其他地方更接近原始特征的性状，不然就不能令大多数人遽同。

综合分析诸多学者的研究成果，我认为可以概括为中国贵州西南部、云南东部和东南部、广西西部即黔、滇、桂三省接壤的地带才是茶树起源的中心，也是世界茶树的故乡。起源中心的原

① 起码地质年代不能被明显否定。

始茶种主要有大厂茶、广西茶、广南茶、厚轴茶、马关茶、老黑茶等。若将起源中心[①]圈定在飞镖标盘的10环内[②]，那么云贵高原[③]的滇西南、黔西北[④]、滇中南及毗邻的中南半岛北部可作为十环边界的邻域[⑤]。云南的西南部[⑥]和中南部大致是茶树的栽培驯化起源地，形成了以大理茶、普洱茶[⑦]等为主体的茶组植物次生中心。我国西南地区是茶树起源和繁衍发展的摇篮。

茶的利用或食饮，是在有了猿人进化成人类后的相当长一段时期的积累才开始的，除了追溯有关野生茶树利用[⑧]的上古传说和农业上栽培、驯化茶树及将茶叶生煮羹饮的典籍文献外，还要调查研究茶树植物在人类历史上迁徙、进化、分布、繁衍等适应环境的演变过程。在知晓茶树存在与人类生长年代的先后关系后，传说或典籍大多重点论述“茶”的利用[⑨]及茗饮始于巴蜀[⑩]的观点，就不难理解这与茶树植物的起源并不矛盾。由此，可以认为川东、

---

① 包括黔西南自治州、广西百色市、云南红河、文山及曲靖东部。

② 或许起源中心还可以缩小到更小范围内。

③ 大致位置东经100°～111°，北纬22°～30°。

④ 指娄山山脉、武陵山脉、川渝盆地南部。

⑤ 邻域是一个特殊的区间，以点a为中心点任何开区间称为点a的邻域。

⑥ 西双版纳、普洱、临沧。

⑦ 是由大理茶自然演化而来。

⑧ 主要是咀嚼鲜叶。

⑨ 包括种植。

⑩ 神农。

鄂西是人类利用茶[1]和茶文化的起源和发祥地。刘家虎先生的《饮茶起源及茶树栽培起源地研究》和《中国茶叶早期发展史研究》全面、深入、系统地论证了“饮茶始于长江三峡至清江中游河谷地区，其时间至迟在距今5000年前”。

大家一致认同，在学术问题上各抒己见、良性争鸣，不但不是件坏事，反而更有助于交流思想，开拓思路，以便取得最正确的结论。

喜马拉雅山脉的上升运动和西南台地的横断山脉上升[2]，使我国西南地区变成了川滇纵谷和云贵高原。由于地势升高以及冰川和洪积的出现，使本属同一气候区的地方产生了垂直气候带，以致原来生长在这里的茶树原种被迫同源分居，并逐渐向两极延伸、分化，慢慢地分置在热带、亚热带和温带[3]气候之中。再由于各自在不同的地理环境和气候条件下，经过漫长的历史过程，其形态结构、生理特性、物质代谢等都逐渐改变，以适应新的环境。位于热带雨林地带[4]的茶树，逐渐形成了喜高温湿润、强日照、耐酸、耐阴性状的乔木或小乔木大叶型茶树；位于北亚热带和暖温带南部气候条件下的，则形成了耐寒、耐旱、耐阴的特性，茶树朝灌木中、小叶型方向变化；处于南、中亚

---

① 如药用、食用、饮用、种植等。

② 由地质变迁所致。

③ 分为暖温带、中温带、寒温带。

④ 其特征为高温、多雨、炎热。

热带的，形态特征和生理特性介于两者之间，养成了具有喜温、喜湿性状的小乔木型和灌木型茶树。上述变化在人类活动[①]的参与下加剧进行，最终形成了千差万别的生态类型，这也是我国同时具有乔木大叶型、小乔木大叶和中叶型，灌木大、中、小叶型茶树的原因。

茶树的演化[②]主要表现在，树型由乔木型变为小乔木型和灌木型，树干由中轴变为合轴，叶片由大叶到中叶和小叶，树冠由大到小，花瓣由重瓣到单瓣，果由多室到单室，果壳由厚到薄，种皮由粗糙到光滑，酚、氨含量由大到小，花粉壁纹饰由细网状到粗网状，叶肉硬化细胞由多到少等。这一过程不仅包含着野生型、中间过渡型和栽培型，并且还产生了千差万别的基因型，栽培上的引种驯化和选择也导致众多的园艺品种形成。

茶树在从地理起源中心向周边自然扩散的过程中，因山脉、河流的影响以及气候条件的改变，同时根据现代茶树酯酶同工酶分析和萜烯指数（TI）的研究结果，大体上可分为四条主要的传播途径。同时，茶树在扩散和迁徙过程中，为了适应当地的环境条件，发生了各种变异，在长期的自然选择中，也形成了六种生态类型。

沿澜沧江、怒江水系，向横断山脉纵深扩散，也即北纬 24°

---

① 主要是引种、选择、杂交等。

② 演化不可逆转。

以南，云南西南部的普洱、西双版纳、临沧、保山、德宏、楚雄、大理等地，低纬度、高湿热的优越环境条件使茶树得以充分生长发育，树体主要是最高大的大理茶、栽培型的普洱茶以及两者的自然杂交型。在这个南亚热带常绿阔叶林区，形成了以云南勐库大叶茶、勐海大叶茶、景谷大白茶为代表的低纬度高海拔乔木大叶型的生态类型。

沿西江、红水河水系，向东及东南方向扩展，可分两支：一支是沿西江扩散至北纬 23° 以南的广西、广东的南部和越南、缅甸的北部，不但有大厂茶、广西茶等乔木和小乔木野生型茶树，还有以白毛茶和普洱茶等为主的栽培型茶树[①]。另一支沿红水河深至南岭山脉，包括广西、广东北部和南岭山脉北侧的湖南南部、江西南部，在广东境内还一直蔓延至东部沿海，并贴近北上到闽南丘陵，形成北纬 24° ～ 26° 间的粤东闽南茶树生长区，其中以栽培型的小乔木大叶茶为主，间或有灌木型茶树。在热带季雨林、雨林区，包括云南东南部和广西南部[②]，形成了以云南麻栗坡白毛茶、广西防城大叶茶、博白大茶树为代表的南亚热带及边缘热带乔木大叶雨林型的生态类型。于南亚热带常绿季雨林区，包括广西和广东中北部、湖南和江西南部，形成了以广西龙胜大叶茶、广东乳源大叶茶、湖南汝城白毛茶为代表的南亚热带小乔木大叶

① 包括越南、缅甸境内的掸部种和北部中游种。

② 北回归线以南。

型的生态类型。

沿着金沙江、长江水系，向云贵高原东北大斜坡扩散，形成了以黔北娄山山脉和川渝盆地南部为中心的一个大茶树聚集区[①]。其中一支向北推进到秦岭以南，形成汉中、安康盆地茶区，另一支沿着大巴山、武当山、伏牛山、桐柏山一线延伸到大别山，形成我国内陆最北的茶树生长带。这一区域纬度高，茶树演变成抗逆性强的灌木中、小叶型的茶树类型。位于针叶林和落叶阔叶林为主，间或混生常绿阔叶林区，落户在北纬 32° ～ 35° 线的长江以北、秦岭以南、大巴山以东至沿海一带，包括安徽、江苏、湖北北部以及陕西、河南、甘肃三省的南部，形成了以陕西紫阳种、河南信阳种、安徽霍山种为代表的北亚热带和暖温带灌木中、小叶型的生态类型。

沿长江水系，由云贵高原进入鄂西台地，并顺流扩散至湖北、湖南、江西、安徽、浙江、江苏等省。茶树走出“巴山峡川”后，大部分处在北纬 30° 左右，冬天寒冷，夏天酷热，因此演变为抗逆性强的灌木型中、小叶种。属中亚热带常绿阔叶林区，处于北纬 26° ～ 30° 线的长江以南地区，形成了以湖北恩施大叶茶、湖南醴陵大叶茶、福建武夷水仙为代表的中亚热带小乔木大叶和中叶型的生态类型。长于中亚热带常绿阔叶落叶和针叶混交林区，在北纬 30° ～ 32° 线的长江中下游南北地区，形成了以湖北兴山

① 以秃房茶为主。

大叶茶、湖南安化中叶茶、江苏洞庭小叶茶为代表的中亚热带灌木大、中、小叶型的生态类型。

中国人最早发现茶、利用茶、栽培茶、品饮茶，并直接或间接将茶籽、茶树、茶叶、茶文化以及实践经验推介、传播到全世界。我国幅员辽阔，气候土壤等环境优越，茶树类型齐全、品种繁复，如今在同一地区[①]，既有小叶种、中叶种和大叶种茶树存在，又有灌木型、小乔木型和乔木型茶树并存，还有野生型、过渡型、栽培型茶树存留。总之，它们都是同一个祖先传下来的后代。

中国被称为“茶的发源地”。世界上很多国家的饮茶、种茶习惯都是直接或间接从我国传入的[②]，这些国家的语言中，与“茶”对等的语言词汇也是根据中国“茶”字的汉语拼音或方言发音、音译而产生的。于是，茶被翻译成多国文字。而中国的英文名字“China”，除了被翻译成“瓷器”之外，还流传着另一种说法，就是它由“茶”的读音转化而来。由于方言的多样性，同样的“茶”字在我国各地的发音上也有差异。例如，福州发音为 ta；厦门、汕头发音为 te；广东话[③]发音又为 cha；长江流域及华北各地发音有 cha、chai、zhou 等；云南傣族发音为 la；贵州苗族发音有 chu、ta。通过对各国茶字发音的归纳可以发现，茶通过中国航海贸易传播到西欧等国，茶在这些国家的发音大多

① 滇、黔等。

② 在唐代就已传入日本及朝鲜半岛。

③ 粤语。

近似我国福建等沿海地区的发音 te、tey、tay，如英语 tea、法语 thé 、荷兰语 thee、拉丁语 thea、德语 tee；西班牙语及意大利语、瑞典语均为 te 等。茶叶由中国陆路[①]向北、向西传播去的国家以及从广州沿海路传播去的一些国家，茶的发音接近广州和长江流域的“cha”音，如泰国 chaa、俄罗斯 chai、波斯[②]chay，土耳其和阿拉伯也读 chay,还有日本、斯里兰卡[③]、印度、越南、巴基斯坦、葡萄牙等国都念 cha。简而言之，它们都是源于中国茶的发音而派生形成的。

① 丝绸之路及茶马古道。
② 现伊朗。
③ 旧称“锡兰”。

有关茶的典籍、诗文

众所周知，茶和酒是中国两大传统饮品[1]，而且贯穿于整个中国历史长河中。蔡绦《铁围山丛谈说》：“茶之尚，盖自唐人始，至本朝为盛；而本朝又至祐陵[2]时益穷极新出，而无以加矣。”至迟在唐代[3]，茶不但作为“贡品”“礼品”，而且成为人们日常生活中不可缺少的生活物资，史称“茶兴于唐，盛于宋”。

如今，“柴、米、油、盐、酱、醋、茶”“琴、棋、书、画、诗、酒、茶”“以茶待客”“以茶会友”“客来敬茶”“用茶代酒”已很普遍，与百姓的生活联系极为密切。我国素有“诗国”之称，诗歌源远流长，几千年来峥嵘文坛，是中国古代文学的主流。杨

① 茶、咖啡、可可并称世界三大无酒精饮料。

② 宋徽宗。

③ 有学者考证还可追溯到商末周初。

叔子院士认为："中华诗词是中华民族文化的璀璨明珠，是中华民族文学的皇冠钻石，是中华民族艺术的杰出珍品，是一直激励着我国人民前进、推动着文化发展的一座入云丰碑！"杨院士创造性地提炼出"国魂凝处是诗魂"的著名论断。酒出现在诗词、文章中也是司空见惯[①]。"茶益文人思，茶引学士文"，典籍诗文里的茶也层见迭出[②]，下面依年代、时间先后顺序一一呈览。

《神农本草经》："苦菜，味苦、寒，主五脏邪气、厌谷、胃痹。久服，安心益气、聪察少卧、轻身耐老。一名荼草，一名选，生川谷。"清代陈元龙《格致镜原·卷二十一》："《本草》：'神农尝百草，一日而遇七十毒，得荼以解之。'"

清代陈元龙《格致镜原·卷二十一》："《神农食经》：'茶、茗宜久服，令人有力，悦志。'"

常璩《华阳国志·巴志》记有"周武王伐纣，实得巴蜀之师，著乎《尚书》……武王既克殷，以其宗姬于巴……桑、蚕、麻、纻、鱼、盐、铜、铁、丹、漆、茶、蜜……皆纳贡之"和"园有芳蒻[③]、香茗"两处茶事。

《诗经·豳风·七月》："九月叔苴，采荼薪樗，食我农夫。"《豳风·鸱鸮》："予手拮据，予所捋荼。"《邶风·谷风》："谁谓荼苦，其甘如荠。"《郑风·出其东门》："出其闉阇，

① 如曹操"何以解忧？唯有杜康"。

② 如陆羽"茶饮最宜精行俭德"。

③ 嫩的香蒲。

有女如荼。虽则如荼，匪我思且。”《大雅·緜》：“周原膴膴，堇荼如饴。”

《晏子春秋》：“婴相齐景公时，食脱粟之饭，炙三弋、五卵、茗莱而已。”

《楚辞·九章·悲回风》：“故荼荠不同亩兮，兰茝幽而独芳。”

《尔雅·释木》：“槚，苦荼。”《尔雅·释草》：“荼，苦菜。”学者认为《尔雅》是“文章尔雅，训辞深厚；近正也，言诏辞雅深厚也”。后世有四种较为详细的注释：

晋代郭璞《尔雅注》云：“树小似栀子，冬生叶，可煮作羹饮……蜀人名之苦荼，生山南、汉中山谷。蔎，香草也，荼含香，故名蔎。荼之用，非单功于药食，亦为款客之上需也。”

北宋邢昺《十三经注疏·尔雅》：“槚，一名苦荼……今呼早采者为荼，晚取者为茗，一名荈，蜀人名之苦荼。茗、荈，皆荼之晚采者也。茗又为荼之通称。”

清代邵晋涵《尔雅正义》：“荼，今蜀人以作饮，音直加反，茗之类……汉人有阳羡买荼之语，则西汉已尚茗饮，三国志韦曜传：密赐荼荈以当酒。自此以后，争茗饮尚矣……荈、茗，其实一也。”

清代郝懿行《尔雅义疏》：“掼与梗同荼。《埤苍》作搽。今蜀人以作饮，音直加反，茗之类。按，今茶字古作荼。”

东汉许慎《说文解字》：“荼，苦荼也。槚，楸也，从木、贾声。”而贾有“假”“古”两种读音，“古”与“荼”“苦荼”音近，因茶为木本而非草本，遂用槚[1]来借指茶。

西汉王褒所撰《僮约》记载：“脍鱼炰鳖，烹荼尽具，已而盖藏……牵犬贩鹅，武阳[2]买茶，杨氏担荷，往来市聚。”

西汉吴理真[3]在蒙顶山上的清峰手植茶树七株[4]，后被人称为“仙茶”“汉茶”，有“仙茶七株，不生不灭，服之四两，即地成仙”之说。

西汉司马相如《凡将篇》：“芩草芍药桂漏芦，蜚廉雚菌荈诧，白敛白芷菖蒲，芒消莞椒茱萸。”

西汉刘安《淮南子·修务训》：“神农尝百草之滋味、水泉之甘苦，令民知所避，就当此之时，一日而遇七十毒，此神农之为也。”

西汉戴德《大戴礼记·夏小正》：“正月农率均田，三月摄桑，四月取荼，七月灌荼，八月剥瓜剥枣。”

西汉戴圣《小戴礼记·地官》中记有“掌荼”和“聚荼”以供办丧事之用。这是我国以茶作祭奠品最早的记录。然而，史料记载往往是要晚于早已存在的事实。据报道，汉景帝刘启（公元前 188 ～前 141 年）的墓陵——陵墓阳陵[5]，随葬品中有一木盒

① 音“古”。
② 今四川彭山。
③ 人称“甘露禅师”。
④ 公元前 53 年。
⑤ 今咸阳渭城区张家湾村北。

装的物品，经质谱分析法鉴定就是茶叶。

西汉扬雄《方言》：“蜀西南人谓茶曰蔎。”《蜀都赋》：“百华投春，隆隐芬芳，蔓茗荧郁，翠紫青黄。”

东汉华佗《食论》：“苦荼久食，益意思。”

东汉张仲景《伤寒杂病论》：“茶治脓血甚效。”

壶居士《食忌》：“苦荼久食，羽化；与韭同食，令人体重。”

陈寿《三国志·吴志·韦曜传》载孙皓暗中帮助不胜酒力的韦曜“密赐荼荈以当酒”典故。

三国傅巽《七诲》：“南中荼子、西极石蜜。”

三国张揖所著《广雅》云：“荆巴间采叶作饼，叶老者饼成，以米膏出之，欲煮茗饮，先炙令赤色，捣末置瓷器中，以汤浇覆之，用葱、姜、橘子芼之，其饮醒酒，令人不眠。”

三国秦菁《秦子》：“顾彦先曰，有味如臛[①]，饮而不醉；无味如茶，饮而醒焉，醉人何用也？！”说明饮茶感觉清淡却让人清醒。

西晋左思《娇女诗》：“吾家有娇女，皎皎颇白皙。小字为纨素，口齿自清历……止为荼荈剧，吹嘘对鼎鑑。”

西晋张载《登成都白菟楼诗》：“借问扬子宅，想见长卿庐……鼎食随时进，百和妙且殊。披林采秋橘，临江钓春鱼……芳茶冠六清，溢味播九区。人生苟安乐，兹土聊可娱。”

---

① 无菜的肉羹。

西晋王浮《神异记》："余姚人虞洪入山采茗，遇一道士牵三青牛，引洪至瀑布山曰：'予，丹丘子也。闻子善具饮，常思见惠。山中有大茗，可以相给，祈子他日有瓯牺[①]之余，乞相遗也。'因立奠祀，后常令家人入山，获大茗焉。"

西晋张华《博物志》："饮真茶，令人少眠，故茶美称'不夜侯'，美其功也。"

西晋傅咸《司隶教》曰："闻南方有以困蜀妪，作茶粥卖。"

西晋杜育《荈赋》："灵山惟岳，奇产所钟。瞻彼卷阿，实曰夕阳。厥生荈草，弥谷被岗。承丰壤之滋润，受甘露之霄降。月惟初秋，农功少休；结偶同旅，是采是求。水则岷方之注，挹彼清流；器择陶简，出自东隅[②]；酌之以匏，取式公刘。惟兹初成，沫沈华浮。焕如积雪，晔[③]若春敷[④]，若乃淳染真辰，色绩青霜；氤氲馨香，白黄若虚。调神和内，倦解慵除。"

西晋刘琨《与兄子南兖州刺史演书》云："吾体中愦闷，常仰真茶，汝可置之。"

东晋《广陵耆老传》："晋元帝时有老姥，每旦独提一器茗，往市鬻之，市人竞买，自旦至夕，其器不减，所得钱散路傍孤贫乞人。人或异之，州法曹絷之狱中。至夜，老姥执所鬻茗器，从

① 指杯杓。
② 也有版本作"瓯"。
③ 明亮。
④ 花的通名。

狱牖中飞出。”

东晋干宝《搜神记》：“夏侯恺因疾死，宗人字苟奴，察见鬼神，见恺来收马，并病其妻，着平上帻、单衣入，坐生时西壁大床，就人觅茶饮。”

东晋陶潜《续搜神记》：“晋武帝世，宣城人秦精，常入武昌山采茗，遇一毛人，长丈余，引精至山下，示以丛茗而去。俄而复还，乃探怀中橘以遗精。精怖，负茗而归。”

东晋弘君举《食檄》：“寒温既毕，应下霜华之茗。”

东晋《桐君药录》：“西阳[①]、武昌、庐江[②]、晋陵[③]好茗，皆东人作清茗。茗有饽，饮之宜人。凡可饮之物，皆多取其叶。又巴东别有真茗茶，煎饮令人不眠。又南方有瓜芦木，亦似茗，至苦涩，取为屑茶饮，亦可通夜不眠。煮盐人但资此饮，而交、广最重，客来先设，乃加以香芼辈。”

南朝何法盛《晋中兴书》记有陆纳以茶果宴请谢安的故事[④]。

《晋书・桓温传》中载“桓温为扬州牧，性俭，每宴饮，唯下七奠[⑤]柈[⑥]茶果而已”。说明东晋开始“以茶倡俭”。《晋书・艺

① 今黄冈。
② 今舒城。
③ 今常州。
④ 陆纳杖侄典故。
⑤ “奠”疑是“尊”之误。
⑥ 古通“盘”。

术传》．“敦煌人单道开，不畏寒暑，常服小石子。所服药有松、桂、蜜之气，所饮茶苏而已。”

北魏杨衒之《洛阳伽蓝记·城南》载：“肃初入国，不食牛羊肉及酪浆等物，常饭鲫鱼羹，渴饮茗汁。京师士子道肃一饮一斗，号为漏卮。时给事中刘缟，慕肃之风，专习茗饮……高祖怪之，谓肃曰：‘卿，中国之味也，羊肉何如鱼羹，茗饮何如酪浆？’肃对曰：‘羊者是陆产之最，鱼者乃水族之长，所好不同，并各称珍。唯茗不中与酪作奴。’”这段史料很多学者释为“茗饮不堪作酪奴”。我的理解是：王肃[①]委婉地回答小国与大国的食物各有所长，认为茶并不是给酪浆当奴隶的，意思是茶的品位并不在奶酪之下。

南朝卢綝《晋四王起事》：“惠帝蒙尘，还洛阳，黄门以瓦盂盛茶上至尊。”

南朝宋刘敬叔《异苑》：“剡县陈务妻，少与二子寡居，好饮茶茗。以宅中有古冢，每饮辄先祀之。二子患之曰：‘古冢何知？徒以劳。’意欲掘去之，母苦禁而止。其夜梦一人云：‘吾止此冢三百余年，卿二子恒欲见毁，赖相保护，又享吾佳茗，虽潜壤朽骨，岂忘翳桑之报。’及晓，于庭中获钱十万，似久埋者，但贯新耳。母告，二子惭之，从是祷馈愈甚。”

南朝宋江饶《江氏家传》：“江统，字应元，迁愍怀太子洗马，

① 王肃。

常上疏谏云：‘今西园卖醯、面、蓝子、菜、茶之属，亏败国体。’”

南朝《宋录》：“新安王子鸾、豫章王子尚，诣昙济道人于八公山，道人设荼茗。子尚味之，曰‘此甘露也，何言荼茗？’”

南朝宋刘义庆《世说新语·纰漏》：“王丞相请先渡，时贤共至石头[①]迎之，犹作畴日相待，一见便觉有异。坐席竟下饮，便问人云‘此为荼？为茗？’……晋司徒长史王濛好饮茶，人至辄命饮之，士大夫皆患之。每欲往候，必云今日有‘水厄’。”

南朝宋王微《杂诗》：“寂寂掩高阁，寥寥空广厦。待君竟不归，收领今就槚。”

南朝齐萧子显《南齐书·礼志》：“齐武帝永明九年，诏太庙四时之祭，昭皇后茗、粣、炙鱼。”《南齐书·武帝纪》遗诏曰：“我灵座上慎勿以牲为祭，但设饼果、茶饮、干饭、酒脯而已，天下贵贱，咸同此制。”《南齐书·刘善明传》：“文秀既降，除善明为屯骑校尉，出为海陵太守。郡境边海，无树木，善明课民种榆、槚、杂果，遂获其利。”

南朝梁任昉《述异记》：“巴东有真香茗，其花白色如蔷薇，煎服令人不眠，能诵无忘。”

南朝梁刘孝绰《谢晋安王饷米等启》：“传诏李孟孙宣教旨，垂赐米、酒、瓜、笋、菹、脯、酢、茗八种，气苾新城，味芳云松……茗同食粲……小人怀惠，大懿难忘。”

---

① 今南京。

南朝梁陶弘景《杂录》："苦茶轻身换骨，昔丹丘子、黄山君服之。"

隋朝王劭《隋书》记载隋文帝头痛，久治不愈，后偶遇一得道高僧，僧人告隋文帝曰："山中有茗草，煮而饮之当愈，帝服之有效。"隋文帝按照高僧的说法服用之后果然奏效。

唐代释道宣《续名僧传》："宋释法瑶，姓杨氏，河东人，永嘉中过江遇沈台真，请真君武康小山寺，年垂悬车，饭所饮茶，永明中，敕吴兴礼致上京，年七十九。"

唐代孙思邈《枕中方》："疗积年瘘，苦茶、蜈蚣并，炙令香熟，等分、捣筛，煮甘草汤洗，以末敷之。"

唐代阎立本《萧翼赚兰亭图》[①] 虽然主题描绘的是萧翼从辩才和尚手中骗取王羲之《兰亭序》的故事，但图左一老一少正在煮茶，可以看出唐朝重视烹茶、饮茶的茶事礼仪。此外，长沙马王堆出土西汉墓中，有一幅距今 2100 多年的敬茶仕女帛画，是汉代皇帝贵族烹用茶饮的写实。

唐代崔珏《美人尝茶行》："银瓶贮泉水一掬，松雨声来乳花熟。朱唇啜破绿云时，咽入香喉爽红玉。明眸渐开横秋水，手拨丝簧醉心起。移时却坐推金筝，不语思量梦中事。"

唐代苏敬《新修本草·木部》："茗，苦茶，味甘、苦，微

---

① 北宋摹本。

寒，无毒。主瘘疮，利小便，去痰、渴热，令人少睡，秋[1]采之。苦荼，主下气，消宿食，作饮加茱萸、葱、姜等良。”

唐代《孺子方》：“疗小儿无故惊蹶，以苦荼、葱须煮服之。”

唐代陈藏器《本草拾遗》：“诸药为各病之药，惟茶乃万病之药。茶是茗嫩叶，捣成饼，并得火良。久食令人瘦，去人脂，使不睡。”

唐代孟浩然《清明即事》：“空堂坐相忆，酌茗聊代醉。”

唐代王昌龄《题净眼师房》：“白鸽飞时日欲斜，禅房寂历饮香茶。倾人城，倾人国，斩新剃头青且黑。玉如意，金澡瓶，朱唇皓齿能诵经。”

唐代王维《河南严尹弟见宿弊庐访别人赋十韵》：“花醥和松屑，茶香透竹丛。”《赠吴官》：“长安客舍热如煮，无个茗糜难御暑。”《酬黎居士淅川作[2]》：“松龛藏药裹，石唇安茶臼。气味当共知，那能不携手。”

唐代李白《陪族叔当涂宰游化城寺升公清风亭》：“了见水中月，青莲出尘埃……茗酌待幽客，珍盘荐凋梅。”《答族侄僧中孚赠玉泉仙人掌茶》：“常闻玉泉山，山洞多乳窟。仙鼠如白鸦，倒悬清溪月。茗生此中石，玉泉流不歇。根柯洒芳津，采服润肌骨。丛老卷绿叶，枝枝相接连。曝成仙人掌，似拍洪崖肩……宗英乃禅伯，投赠有佳篇……”青莲居士在序中道明“此茗清香

① 注云：春。

② 昙壁上人院走笔成。

滑熟，异于他者，所以能还童振枯，扶人寿也”。

唐代储光羲《吃茗粥作》：“淹留膳茶粥，共我饭蕨薇。”

唐代颜真卿《五言月夜啜茶联句》：“流华[1]净肌骨，疏瀹涤心原。”唐大历八年[2]湖州杼山“三癸亭”建成，成了颜真卿、陆羽、皎然等学者评茶论道的地方。时人称赞陆羽筑亭、皎然赋诗、颜真卿题匾为“三绝”，传为美谈。

唐代杜甫《回棹》：“强饭莼添滑，端居茗续煎。”《重过何氏五首》：“落日平台上，春风啜茗时。”《寄赞上人》：“柴荆具茶茗，径路通林丘。”《巳上人茅斋》：“枕簟入林僻，茶瓜留客迟。”

唐代李涛《春昼回文》：“茶饼嚼时香透齿，水沈烧处碧凝烟。”《琴书》：“添诗人瘦因中酒，解睡魔围只上茶。”

唐代灵一《与元居士青山潭饮茶》：“野泉烟火白云间，坐饮香茶爱此山。岩下维舟不忍去，青溪流水暮潺潺。”《妙乐观》：“忽见一人檠茶碗，篸花昨夜风吹满。”

唐代耿湋《连句多暇赠陆三山人》：“一生为墨客，几世作茶仙。”

唐代裴迪《西塔寺陆羽茶泉》：“竟陵西塔寺，踪迹尚空虚。不独支公住，曾经陆羽居。草堂荒产蛤，茶井冷生鱼。一汲清泠

① 指饮茶。

② 公元 773 年。

水，高风味有余。”

唐代皇甫冉《寻戴处士》：“晒药竹斋暖，捣茶松院深。思君一相访，残雪似山阴。”《送陆鸿渐栖霞寺采茶》：“采茶非采菉，远远上层崖。布叶春风暖，盈筐白日斜。旧知山寺路，时宿野人家。借问王孙草，何时泛碗花。”

唐代皇甫曾《送陆鸿渐山人采茶回》：“千峰待逋客，香茗复丛生。采摘知深处，烟霞羡独行。幽期山寺远，野饭石泉清。寂寂燃灯夜，相思一磬声。”

唐代皎然《饮茶歌诮崔石使君》：“素瓷雪色[1]缥沫香，何似诸仙琼蕊浆。一饮涤昏寐，情思朗爽满天地。再饮清我神，忽如飞雨洒轻尘。三饮便得道，何须苦心破烦恼。此物清高世莫知，世人饮酒多自欺……孰知茶道全尔真，唯有丹丘得如此。”《晦夜李侍御萼宅集招潘述、汤衡、海上人饮茶赋》：“茗爱传花饮，诗看卷素裁。”《对陆迅饮天目山茶，因寄元居士晟》：“喜见幽人会，初开野客茶……文火香偏胜，寒泉味转嘉。投铛涌作沫，著碗聚生花。稍与禅经近，聊将睡网赊。”《饮茶歌送郑容》：“霜天半夜芳草折，烂漫缃花啜又生。赏君此茶祛我疾，使人胸中荡忧慲。日上香炉情未毕，醉踏虎溪云，高歌送君出。”《九日与陆处士羽饮茶》：“俗人多泛酒，谁解助茶香。”《白云上人精舍寻杼山禅师兼示崔子向何山道上人》：“识妙聆细泉，悟深涤清茗。”

① 茶汤。

唐代钱起《与赵莒茶宴》：“竹下忘言对紫茶，全胜羽客醉流霞。尘心洗尽兴难尽，一树蝉声片影斜。”《过长孙宅与朗上人茶会》：“玄谈兼藻思，绿茗代榴花。岸帻看云卷，含毫任景斜。松乔若逢此，不复醉流霞。”《过张成侍御宅》：“杯里紫茶香代酒，琴中绿水静留宾。欲知别后相思意，唯愿琼枝入梦频。”

唐代李嘉祐《同皇甫侍御题荐福寺一公房》：“虚室独焚香，林空静磬长……啜茗翻真偈，然灯继夕阳。”《赠王八衢》：“桂楫闲迎客，茶瓯对说诗……心静无华发，人和似古时。”《与从弟正字、从兄兵曹宴集林园》：“竹窗松户有佳期，美酒香茶慰所思。”《送陆士伦宰义兴》：“阳羡兰陵近，高城带水闲。浅流通野寺，绿茗盖春山。”

唐代顾况《茶赋》：“皇天既孕此灵物兮……泛浓华，漱芳津，出恒品，先众珍……滋饭蔬之精素，攻肉食之膻腻，发当暑之清吟，涤通宵之昏寐。”《焙茶坞》：“新茶已上焙，旧架忧生醭。旋旋续新烟，呼儿劈寒木。”

唐代张继《山家》：“板桥人渡泉声，茅檐日午鸡鸣。莫嗔焙茶烟暗，却喜晒谷天晴。”

唐代袁高《茶山诗》：“我来顾渚源，得与茶事亲。氓辍耕农耒，采采实苦辛……终朝不盈掬，手足皆鳞皴……心争造化功，走挺麋鹿均……未知供御余，谁合分此珍。”

唐代李冶《遥忆江南》：“遥忆江南景物佳，湖清水秀竟风华。何当共品山泉水，细雾升腾慢着茶。”

唐代茶圣陆羽《茶经》：“茶之为饮，发乎神农氏，闻于鲁周公，齐有晏婴，汉有扬雄、司马相如，吴有韦曜，晋有刘琨、张载、远祖纳、谢安、左思之徒，皆饮焉。滂时浸俗，盛于国朝，两都并荆渝间，以为比屋之饮。饮有觕[①]茶、散茶、末茶、饼茶者……始其蒸也……既其熟也……散所蒸牙笋并叶，畏流其膏。”意思是等到蒸熟了……抖散蒸后的嫩芽叶，以免茶汁流失。可以看出唐代制茶是蒸汽杀青工艺，传入日本后成主流工艺，其绿茶百分百是蒸青且沿用至今。《茶经·六羡歌》：“不羡黄金罍[②]，不羡白玉杯。不羡朝入省，不羡暮入台。千羡万羡西江水，曾向竟陵[③]城下来。”

唐代韦应物《喜园中茶生》：“洁性不可污，为饮涤尘烦。此物信灵味，本自出山原。”

唐代陆士修联句一：“泛花邀客坐，代饮引清言。”联句二：“素瓷传静夜，芳气清闲轩。”

唐代封演《封氏闻见记》载：“开元中，泰山灵岩寺有降魔师大兴禅教，务于不寐，又不夕食，皆恃其饮茶，人自怀挟，到处煮饮。从此转相仿效，遂成风俗。”“古人亦饮茶耳，但不如今人溺之甚。穷日尽夜，殆成风俗。始自中地，流于塞外。往年

① 同“粗”。

② 盛酒或水器具。

③ 湖北天门。

回鹘（纥）入朝，大驱名马市茶而归。”“楚人陆鸿渐为《茶论》，说茶之功效并煎茶、炙茶之法……于是茶道大行。王公朝士无不饮者。”唐代开始实施以内地之茶交换边区之马，渐而又发展了内地的丝绸、布匹、盐、瓷器、百货等与边区[①]的皮张、羊毛、虫草贝母、麝香、药材等土特产之间的贸易。这样就形成了一些商旅、驼队、马帮运送货物的通道，由最初的“茶马互市”推动了后期“茶马古道”的兴盛。

茶马古道分北古道和南古道。北古道有两条：最重要的应为金牛道—子午道—秦直道，南起成都—全雁—白马关—石牛铺—梓潼—剑门关—五里峡—牢固关—金牛峡—勉县—南郑—西乡—长安—咸阳—榆林—九原[②]；另一条，以两湖茶为主的水陆并兼古道，安化—资江—益阳—岳阳—汉口，羊楼洞—水路—汉口，鹤峰—五峰或石门—宜都—汉口，武夷山—铅山—九江—崇阳—咸宁—汉口，两湖茶—汉水—襄阳—翻山越岭—赊店—黄河—祁县—榆次—张家口—归化[③]，黄河—包头或呼和浩特—库伦[④]—恰克图[⑤]。恰克图再经伊尔库茨克—乌拉尔—秋明—莫斯科—圣彼得堡。

---

① 青海、西藏、新疆、内蒙古等。
② 包头。
③ 呼和浩特。
④ 今蒙古乌兰巴托。
⑤ 今俄罗斯。

南古道最重要的有三条：川藏古道，成都—临邛—邛崃—雅安—严道[①]—大相岭—旄牛[②]—飞越岭—沈村—大渡河—木雅草原；雅州—天金—泸定—鱼通—丹巴—道孚—甘孜—德格—拉萨。青藏古道，关中—河西走廊—兰州—西宁—玉树—金沙江—昌都—那曲—拉萨。滇藏古道，西双版纳—思茅—临沧—大理—丽江—中甸—德钦—芒康—左贡—昌都—拉萨。三条主线路，连接川、青、滇、藏，延伸入不丹、尼泊尔、印度境内，直到西亚、西非红海海岸。还有许多大大小小的短线或尚未完全被探晰的长线古道，如恩施和宜昌茶区通往各地的茶马古道，云南入越南，缅甸的东南路、南路、西南路，云南入四川西藏的东北路、西北路，四川入西藏的明代顺藏[③]古道等。茶马古道是政治、经济、文化的纽带，它带动了经济的繁荣与发展，促进了民族团结、民族互利，沟通了中华各民族间的文化交流。

唐代卢纶《新茶咏寄上西川相公二十三舅大夫二十舅》："三献蓬莱始一尝，日调金鼎阅芳香。贮之玉合才半饼，寄与阿连题数行。"

唐代刘言史《与孟郊洛北野泉上煎茶》："粉细越笋芽，野煎寒溪滨。恐乖灵草性，触事皆手亲。敲石取鲜火，撇泉避腥鳞。荧荧爨风铛，拾得坠巢薪。洁色既爽别，浮氲亦殷勤。以兹委曲

① 荥经。
② 汉原。
③ 南路、西路。

静，求得正味真。宛如摘山时，自歠[1]指下春。湘瓷泛轻花，涤尽昏渴神。此游惬醒趣，可以话高人。"

唐代刘贞亮提出《饮茶十德》："以茶散郁气；以茶驱睡气；以茶养生气；以茶除病气；以茶利礼仁；以茶表敬意；以茶尝滋味；以茶养身体；以茶可行道；以茶可雅志。"

唐代孟郊《凭周况先辈于朝贤乞茶》："蒙茗玉花尽，越瓯荷叶空。锦水有鲜色，蜀山饶芳丛。云根才翦绿，印缝已霏红……幸为乞寄来，救此病劣躬。"《题韦承总吴王故城下幽居》："夜思琴语切，昼情茶味新。"《送玄亮师》："兰泉涤我襟，杉月栖我心。茗啜绿净花，经诵清柔音。何处笑为别，淡情愁不侵。"《与王二十一员外涯游昭成寺》："游僧步晚磬，话茗含芳春。"《宿空侄院寄澹公》："雪檐晴滴滴，茗碗华举举。"《题陆鸿渐上饶新开山舍》："惊彼武陵状，移归此岩边。开亭拟贮云，凿石先得泉。啸竹引清吹，吟花成新篇。乃知高洁情，摆落区中缘。"

唐代武元衡《资圣寺贲法师晚春茶会》："虚室昼常掩，心源知悟空。禅庭一雨后，莲界万花中。时节流芳暮，人天此会同。不知方便理，何路出樊笼。"

唐代张又新《煎茶水记》引刘伯刍品评的"天下七泉"加以扩充，依据李季卿得于陆羽口授的泉水排名，重新品评为"庐山

① 同"饮"。

康王谷水帘水第一、无锡惠山寺泉水第二……苏州虎丘寺水第五、庐山招贤寺下方桥潭水第六……桐庐严陵滩水第十九、雪水第二十。"《谢庐山僧寄谷帘水》："消渴茂陵客，甘凉庐阜泉……竹柜新茶出，铜铛活火煎。育花浮晚菊，沸沫响秋蝉。啜忆吴僧共，倾宜越椀园。气清宁怕睡，骨健欲成仙……何当结茅屋，长在水帘前。"

唐代王建《饭僧》："别屋炊香饭，薰辛不入家。温泉调葛面，净手摘藤花。蒲鲊除青叶，芹齑带紫芽。愿师常伴食，消气有姜茶。"《寄汴州令狐相公》："水门向晚茶商闹，桥市通宵酒客行。"《七泉寺上方》："长年好名山，本性今得从。将火寻远泉，煮茶傍寒松。"《宫词一百首》："天子下帘亲考试，宫人手里过茶汤。"

唐代张籍《和韦开州盛山十二首·茶岭》："紫芽连白蕊，初向岭头生。自看家人摘，寻常触露行。"《和左司元郎中秋居十首》："秋茶莫夜饮，新自作松浆……菊地才通履，茶房不垒阶。"《夏日闲居》："药看辰日合，茶过卯时煎。"《送枝江刘明府》："定访玉泉幽院宿，应过碧涧早茶时。"

唐代韩愈《燕河南府秀才得生字》："柿红蒲萄紫，肴果相扶檠。芳茶出蜀门，好酒浓且清。何能充欢燕，庶以露厥诚。"

唐代吕温《三月三日茶宴序》："三月三日上巳，禊饮之日也，诸子议以茶酌而代焉。乃拨花砌，憩庭阴，清风逡人，日色留兴。卧指青霭，坐攀香枝，闲莺近席而未飞，红蕊拂衣而不散。乃命酌香沫，浮素杯，殷凝琥珀之色，不令人醉，微觉清思。虽玉露仙浆，无复加也。”

唐代白居易《琴茶》：“琴里知闻唯渌水[①]，茶中故旧是蒙山”，白居易[②]将蒙顶茶与名曲相提并论，足见对蒙顶茶的喜爱。《晚起》：“融雪煎香茗，调酥煮乳糜。”《题周皓大夫新亭子二十二韵》：“茶香飘紫笋，脍缕落红鳞……敛翠凝歌黛，流香动舞巾。裙翻绣鸂鶒[③]，梳陷钿麒麟……甘浓将奉客，稳暖不缘身。”《闲卧寄刘同州》：“鼻香茶熟后，腰暖日阳中。”《春末夏初闲游江郭二首》：“嫩剥青菱角，浓煎白茗芽……绿蚁杯香嫩，红丝脍缕肥。故园无此味，何必苦思归。”《山泉煎茶有怀》：“坐酌泠泠水，看煎瑟瑟尘。无由持一碗，寄与爱茶人。”《东院》：“老去齿衰嫌橘醋，病来肺渴觉茶香。”《题施山人野居》：“春泥秧稻暖，夜火焙茶香。”《闲眠》：“尽日一餐茶两碗，更无所要到明朝。”《宿蓝溪对月》：“清影不宜昏，聊将茶代酒。”《赠东邻王十三》：“驱愁知酒力，破睡见茶功。”《睡后茶兴忆杨同州》：“白瓷瓯甚洁，红炉炭方炽。沫下麹[④]尘香，

---

① 古代名曲。

② 酷爱茶叶，癖茶、恋茶，自称“别茶人”。

③ 水鸟名。

④ 同“曲”，酒母。

花浮鱼眼沸。盛来有佳色，咽罢余芳气。”《即事》：“室香罗药气，笼暖焙茶烟。”《萧员外寄新蜀茶》：“蜀茶寄到但惊新，渭水煎来始觉珍。满瓯似乳堪持玩，况是春深酒渴人。”《谢李六郎中寄新蜀茶》：“故情周匝向交亲，新茗分张及病身。红纸一封书后信，绿芽十片火前春。汤添勺水煎鱼眼，末下刀圭搅麹尘。不寄他人先寄我，应缘我是别茶人。”

唐代刘禹锡《西山兰若试茶歌》：“山僧后檐茶数丛，春来映竹抽新茸。宛然为客振衣起，自傍芳丛摘鹰觜。斯须炒成满室香，便酌砌下金沙水。骤雨松声入鼎来，白云满碗花徘徊。悠扬喷鼻宿酲散，清峭彻骨烦襟开……新芽连拳半未舒，自摘至煎俄顷余。木兰沾露香微似，瑶草临波色不如。僧言灵味宜幽寂，采采翘英为嘉客……欲知花乳清泠味，须是眠云跂石人。”《尝茶》：“生拍芳丛鹰觜芽，老郎封寄谪仙家。今宵更有湘江月，照出菲菲满碗花。”《代武中丞谢新茶第一表》：“臣某言：中使窦国安奉宣圣旨，赐臣新茶一斤……恭承庆锡，跪启缄封。臣某中谢，伏以方隅入贡，采撷至珍。自远爰来，以新为贵。捧而观妙，饮以涤烦。顾兰露而惭芳，岂蔗浆而齐味。既荣凡口，倍切丹心。臣无任欢跃感恩之至。”《代武中丞谢赐新茶第二表》：“猥沐深恩，再沾殊锡……伏以贡自外方，名殊众品。效参药石，芳越椒兰。”《酬乐天闲卧见寄》：“散诞向阳眠，将闲敌地仙。诗情茶助爽，药力酒能宣。风碎竹间日，露明池底天。同年未同隐，缘欠买山钱。”

唐代李绅《寿阳罢郡日，有诗十首，与追怀不殊，今编于……》：“垂阴敢慕甘棠叶，附干将呈瑞木符。十步兰茶同秀彩，万年枝叶表皇图。芰荑不及知无患，雨露曾沾自不枯。好住孤根托桃李，莫令从此混樵苏。”《别石泉》：“素沙见底空无色，青石潜流暗有声。微渡竹风涵淅沥，细浮松月透轻明。桂凝秋露添灵液，茗折香芽泛玉英。应是梵宫连洞府，浴池今化醒泉清。”

唐代柳宗元《巽上人以竹闲自采新茶见赠，酬之以诗》：“芳丛翳湘竹，零露凝清华。复此雪山客，晨朝掇灵芽。蒸烟俯石濑，咫尺凌丹崖。圆方丽奇色，圭璧无纤瑕。呼儿爨[1]金鼎，余馥延幽遐。涤虑发真照，还源荡昏邪。犹同甘露饭，佛事薰毗耶。咄此蓬瀛侣，无乃贵流霞。”《为武中丞谢赐新茶表》：“天眷忽临，时珍俯及，捧戴惊忭，以喜以惶……大明首出，得亲仰于云霄；渥泽遂行，忽先沾于草木。况兹灵味，成自遐方，照临而甲坼惟新，煦妪而芬芳可袭，调六气而成美，扶万寿以效珍。岂可贱微，膺此殊锡。衔恩敢同于尝酒，涤虑方切于饮冰。抚事逋涯，陨越无地。臣不任感戴欣忭之至。”

唐代姚合《乞新茶》：“嫩绿微黄碧涧春，采时闻道断荤辛。不将钱买将诗乞，借问山翁有几人。”《寻僧不遇》：“花落

① 烧水煮。

煎茶水，松生醒酒风。”《寄杨工部，闻毗陵舍弟自罨溪入茶山》：“采茶溪路好，花影半浮沉。画舸僧同上，春山客共寻。芳新生石际，幽嫩在山阴。色是春光染，香惊日气侵。试尝应酒醒，封进定恩深。芳贻千里外，怡怡太府吟。”《病中辱谏议惠甘菊药苗，因以诗赠》：“萧萧一亩宫，种菊十余丛。采摘和芳露，封题寄病翁。熟宜茶鼎里，餐称石瓯中。香洁将何比，从来味不同。”《和元八郎中秋居》：“酒用林花酿，茶将野水煎。”《杏溪十首·杏水》：“不与江水接，自出林中央。穿花复远水，一山闻杏香。我来持茗瓯，日屡此来尝。”《寄元绪上人》：“石窗紫藓墙，此世此清凉。研露题诗洁，消冰煮茗香。”

唐代贾岛《郊居即事》：“住此园林久，其如未是家。叶书传野意，檐溜煮胡茶。雨后逢行鹭，更深听远蛙。自然还往里，多是爱烟霞。”《原东居喜唐温琪频至》：“曲江春草生，紫阁雪分明。汲井尝泉味，听钟问寺名。墨研秋日雨，茶试老僧铛。”《再投李益常侍》：“联句逢秋尽，尝茶见月生。”《送张校书季霞》：“暂醉即还醒，彼土生桂茶。”《雨中怀友人》：“对雨思君子，尝茶近竹幽。儒家邻古寺，不到又逢秋。”《送朱休归剑南》：“芽新抽雪茗，枝重集猿枫。”《黄子陂上韩吏部》：“疏衣蕉缕细，爽味茗芽新……若个山招隐，机忘任此身。”《过雍秀才居》：“就凉安坐石，煮茗汲邻泉。”

唐代元稹《解秋十首》："簟凉朝睡重，梦觉茶香熟。"《和友封题开善寺十韵（依次重用本韵）》："旋蒸茶嫩叶，偏把柳长条。"《贬江陵途中寄乐天》："紫芽嫩茗和枝采，朱橘香苞数瓣分。"《奉和严司空重阳日同崔常侍崔郎中……登龙山落帽台佳宴》："萸房暗绽红珠朵，茗碗寒供白露芽。"《早春登龙山静胜寺时非休浣司空特许是行因赠幕中诸公》："山茗粉含鹰觜嫩，海榴红绽锦窠匀。"《宝塔诗·茶》：

茶。

香叶嫩芽。

慕诗客，爱僧家。

碾雕白玉，罗织红纱。

铫煎黄蕊色，碗转曲尘花。

夜后邀陪明月，晨前命对朝霞。

洗尽古今人不倦，将至醉后岂堪夸。

唐代施肩吾《蜀茗词》："越椀[1]初盛蜀茗新，薄烟轻处搅来匀。山僧问我将何比，欲道琼浆却畏嗔。"

唐代萧祜《游石堂观》："甘瓜剖绿出寒泉，碧瓯浮花酌春茗。嚼瓜啜茗身清凉，汗消絺绤如迎霜……山花名药扑地香，月色泉声洞心冷。"

唐代许浑《湖州韦长史山居》："溪浮箬叶添醅绿，泉绕松

① 同"碗"。

根助茗香。”

唐代张文规《湖州贡焙新茶》：“凤辇寻春半醉回，仙娥进水御帘开。牡丹花笑金钿动，传奏吴兴紫笋来。”

唐代李德裕《故人寄茶》：“剑外九华英，缄题下玉京。开时微月上，碾处乱泉声。半夜邀僧至，孤吟对竹烹。碧流霞脚碎，香泛乳花轻。六腑睡神去，数朝诗思清。其余不敢费，留伴读书行。”《忆平泉杂咏·忆茗芽》：“谷中春日暖，渐忆掇茶英。欲及清明火，能销醉客酲。松花飘鼎泛，兰气入瓯轻。饮罢闲无事，扪萝溪上行。”

唐代李贺《始为奉礼忆昌谷山居》：“长枪江米熟，小树枣花春……土甑封茶叶，山杯锁竹根。”

唐代章孝标《方山寺松下泉》：“石脉绽寒光，松根喷晓霜。注瓶云母滑，漱齿茯苓香。野客偷煎茗，山僧惜净床。三禅不要问，孤月在中央。”《思越州山水寄朱庆馀》：“窗户潮头雪，云霞镜里天。岛桐秋送雨，江艇暮摇烟。藕折莲芽脆，茶挑茗眼鲜。还将欧冶剑，更淬若耶泉。”

唐代茶仙卢仝《走笔谢孟谏议寄新茶》[①]：“开缄宛见谏议面，手阅月团[②]三百片。闻道新年入山里，蛰虫惊动春风起。天子须尝阳羡茶，百草不敢先开花。仁风暗结珠琲瓃[③]，先春抽出黄金

① 又称《七碗茶歌》。

② 指茶饼。

③ 喻茶之嫩芽。

芽。摘鲜焙芳旋封裹，至精至好且不奢。至尊之余合王公，何事便到山人家。柴门反关无俗客，纱帽笼头自煎吃。碧云[1]引风吹不断，白花浮光凝碗面。一碗喉吻润，两碗破孤闷。三碗搜枯肠，唯有文字五千卷。四碗发轻汗，平生不平事，尽向毛孔散。五碗肌骨清，六碗通仙灵。七碗吃不得也，唯觉两腋习习清风生……"

唐代刘昫《旧唐书·穆宗本纪》："加茶榷，旧额百文，更加五十文"。唐德宗建中三年，户部侍郎赵赞《茶禁》提议："税天下茶漆竹木，十取其一"。唐文宗时期，郑注提出榷茶之法，宰相王涯奏以"秦致江淮，岭南茶法，增其税"，又献榷茶之利，终得批示，任以"榷茶使"，"徙民茶树于官场，焚其旧积"。唐宣宗大中六年，裴休任盐铁转运使，提出并制定"宽商严私"的"茶法十二条"，强行榷茶，榷茶制度，正式形成，到宋朝转变为"榷茶法""贴射法""通商法""卖引法"，又到元代的"榷茶制度"，再往后到明清的"茶法""茶引制度""厘金制度"，还有贯穿其中的无偿贡献的"贡茶制度"。

唐代吕洞宾《大云寺茶诗》："玉蕊一枪称绝品，僧家造法极功夫。兔毛瓯浅香云白，虾眼汤翻细浪俱。断送睡魔离几席，增添清气入肌肤。幽丛自落溪岩外，不肯移根入上都。"《西江月·落日数声啼鸟》："道人邀我煮新茶，荡涤胸中潇洒。"《通道》："通道复通玄，名留四海传……要果逡巡种，思茶逐旋煎。"

---

① 指茶的色泽。

唐代牟融《游报本寺》：“茶烟袅袅笼禅榻，竹影萧萧扫径苔……白发任教双鬓改，黄金难买一生闲。”

唐代裴汶《茶述》中称茶叶“其性精清，其味淡洁，其用涤烦，其功致和；参百品而不混，越众饮而独高。”

唐代刘得仁《慈恩寺塔下避暑》：“僧真生我静，水淡发茶香。”《宿普济寺》：“缀草凉天露，吹人古木风。饮茶除假寐，闻磬释尘蒙。”《夏夜会同人》：“岸帻栖禽下，烹茶玉漏中。形骸忘已久，偃仰趣无穷。”

唐代杜牧《题茶山》：“山实东吴秀，茶称瑞草魁……泉嫩黄金涌，牙香紫璧裁。”《游池州林泉寺金碧洞》：“携茶腊月游金碧，合有文章病茂陵。”《春日茶山病不饮酒，因呈宾客》：“山秀白云腻，溪光红粉鲜……谁知病太守，犹得作茶仙。”

唐代李群玉《答友人寄新茗》：“满火芳香碾麹尘，吴瓯湘水绿花新。愧君千里分滋味，寄与春风酒渴人。”《与三山人夜话》：“静谈云鹤趣，高会两三贤。酒思弹琴夜，茶芳向火天。”《龙山人惠石廪方及团茶》：“客有衡岳隐，遗余石廪茶。自云凌烟露，采掇春山芽。珪璧相压叠，积芳莫能加。碾成黄金粉，轻嫩如松花。红炉爨霜枝，越儿斟井华。滩声起鱼眼，满鼎漂清霞。凝澄坐晓灯，病眼如蒙纱。一瓯拂昏寐，襟鬲开烦拏。”

唐代温庭筠《和赵嘏题岳寺》：“岚翠暗来空觉润，涧茶余爽不成眠。”《西陵道士茶歌》：“乳窦溅溅通石脉，绿尘愁草春江色。涧花入井水味香，山月当人松影直。仙翁白扇霜鸟翎，拂坛夜读黄庭经。疏香皓齿有余味，更觉鹤心通杳冥。”其《采茶录》通过故事的形式描述了茶道，以备器、选水、取火、候汤、习茶五大环节，描述了具有韵味的由茶叶到茶汤的过程。

唐代李商隐《即目》：“小鼎煎茶面曲池，白须道士竹间棋。何人书破蒲葵扇，记著南塘移树时。”

唐代鲍君徽《惜花吟》：“不如尽此花下欢，莫待春风总吹却。莺歌蝶舞韶光长，红炉煮茗松花香。”《东亭茶宴》：“闲朝向晓出帘栊，茗宴东亭四望通。远眺城池山色里，俯聆弦管水声中。幽篁引沼新抽翠，芳槿低檐欲吐红。坐久此中无限兴，更怜团扇起清风。”

唐代朱景玄《茶亭》：“静得尘埃外，茶芳小华山。此亭真寂寞，世路少人闲。”

唐代杨晔《膳夫经手录》：“茶，古之不闻食之。近晋宋以降，吴人采其叶煮，是为茗粥。至开元、天宝之间，稍稍有茶，至德、大历遂多，建中以后盛矣……累日不食犹得，不得一日无茶也。”

唐代曹邺《题山居》：“扫叶煎茶摘叶书，心闲无梦夜窗虚。只应光武恩波晚，岂是严君恋钓鱼。”

唐代薛能《蜀州郑使君寄鸟觜茶，因以赠答八韵》：“鸟嘴撷浑牙，精灵胜镆铘。烹尝方带酒，滋味更无茶。拒碾乾声细，撑封利颖斜。衔芦齐劲实，啄木聚菁华。盐损添常诫，姜宜著更夸。得来抛道药，携去就僧家。旋觉前瓯浅，还愁后信赊。千惭故人意，此惠敌丹砂。”《留题》：“茶兴复诗心，一瓯还一吟。”《题汉州西湖》：“尝茶春味渴，断酒晚怀清。”《新雪八韵（一作闲居新雪）》：“大雪满初晨，开门万象新。龙钟鸡未起，萧索我何贫。耀若花前境，清如物外身。正色凝高岭，随流助要津。鼎消微是滓，车碾半和尘。茶兴留诗客，瓜情想戍人。终篇本无字，谁别胜阳春。”《寄终南隐者》：“饭后嫌身重，茶中见鸟归。”

唐代郑巢《送琇上人》：“古殿焚香外，清羸坐石棱。茶烟开瓦雪，鹤迹上潭冰。”《送象上人还山中》：“泉痕生净藓，烧力落寒花。高户闲听雪，空窗静捣茶。”《秋日陪姚郎中登郡中南亭》：“云水生寒色，高亭发远心……隔石尝茶坐，当山抱瑟吟。”

唐代贯休《书倪氏屋壁三首》：“茶烹绿乳花映帘，撑沙苦笋银纤纤。”《怀武夷山僧》：“古木苔封菌，深崖乳[①]杂泉。”《怀武夷红石子》：“炉中姹姹娇。乳香诸洞滴。”《寄王涤》：“吟高好鸟觑，风静茶烟直。”《刘相公见访》：“桃熟多红璺[②]，茶香有碧筋。”《和毛学士舍人早春》：“茶癖金铛快，松香玉露含。”《题灵溪畅公墅》：“岚飞黏似雾，茶好碧于苔。但使心清净，从渠岁月催。”《宝禅师见访》：“茶烟粘衲叶，

① 指武夷茶。

② 陶瓷等器具上的裂痕。

云水透蘅茆。”《题宿禅师院》：“语淡不著物，茶香别有泉。”《山居诗二十四首》：“好鸟声长睡眼开，好茶擎乳坐莓苔……石垆金鼎红蕖嫩，香阁茶棚绿巘齐。”《题淮南惠照寺律师院》：“茗滑香黏齿，钟清雪滴楼。”《桐江闲居作十二首》：“猛烧侵茶坞，残霞照角楼……静室焚檀印，深炉烧铁瓶。茶和阿魏暖，火种柏根馨……王孙莫指笑，淡泊味还长……红黍饭溪苔，清吟茗数杯……露滴滴蘅茅，秋成爽气交……珠翠笼金像，风泉洒玉琴……红泉香滴沥，丹桂冷扶疏。”

唐代皮日休《茶中杂咏十首》：“石洼泉似掬，岩罅云如缕。好是夏初时，白花满烟雨。语气为茶荈，衣香是烟雾……褎[1]然三五寸，生必依岩洞……圆如玉轴光，脆似琼英冻……水煮石发气，薪然杉脂香。青琼蒸后凝，绿髓炊来光……棚上汲红泉，焙前蒸紫蕨……相向掩柴扉，清香满山月……枣花势旋眼，蘋沫香沾齿。松下时一看，支公亦如此……香泉一合乳，煎作连珠沸。时看蟹目溅，乍见鱼鳞起。声疑松带雨，饽恐生烟翠……此时勺复茗，野语知逾清……开时送紫茗，负处沾清露……满此是生涯，黄金何足数。”皮光亚（皮日休之子）吟茶为“苦口师”。

唐代陆龟蒙《袭美先辈以龟蒙所献五百言既蒙见和复示荣唱……用伸酬谢》：“抽书乱签帙，酌茗烦瓯栖。”《奉和袭美

---

① 同“袖”。

夏景冲澹偶作次韵二首》:“闲开茗焙尝须遍，醉拨书帷卧始休。”《和访寂上人不遇》：“蒲团为拂浮埃散，茶器空怀碧饽香。”《袭美留振文宴龟蒙抱病不赴猥示倡和因次韵酬谢》：“绮席风开照露晴，只将茶荈代云觥。”《奉和袭美茶具十咏》：“天赋识灵草，自然钟野姿……雨后探芳去，云间幽路危……所孕和气深，时抽玉茗短。轻烟渐结华，嫩蕊初成管。寻来青霭曙，欲去红云暖。秀色自难逢，倾筐不曾满……盈锅玉泉沸，满甑云芽熟。奇香袭春桂，嫩色凌秋菊……遥盘云髻慢，乱簇香篝小。何处好幽期，满岩春露晓……时于浪花里，并下蓝英末。倾余精爽健，忽似氛埃灭。”陕西扶风法门寺地宫出土有宫廷用的鎏金茶具、茶器，是唐朝僖宗皇帝御用真品，也是迄今发现的最早、最完善、最精美的茶具、茶器文物。

唐代李郢《茶山贡焙歌》：“焙中清晓朱门开，筐箱渐见新芽来……一时一晌还成堆，蒸之馥之香胜梅。研膏架动轰如雷，茶成拜表贡天子……就焙尝茶坐诸客，几回到口重咨嗟。嫩绿鲜芳出何力，山中有酒亦有歌，客亦无言徵绮罗，殷勤绕焙复长叹。”《酬友人春暮寄枳花茶》:“昨日东风吹枳花，酒醒春晚一瓯茶。如云正护幽人堑，似雪才分野老家。金饼拍成和雨露，玉尘煎出照烟霞。相如病渴今全校，不羡生台白颈鸦。”

唐代司空图《即事二首》：“茶爽添诗句，天清莹道心。只留鹤一只，此外是空林。”《红茶花》：“景物诗人见即夸，岂怜高韵说红茶。”《重阳日访元秀上人》：“别画长怀吴寺壁，宜茶偏赏雪溪泉。”《偶诗五首》：“中宵茶鼎沸时惊，正是寒窗竹雪明。”

唐代王敷《茶酒论》：“百草之首，万木之花。贵之取蕊，重之摘芽。呼之名草，号之作茶……饮之语话，能去昏沉。”文章以对话方式、拟人手法[1]，叙茶与酒辩论尊卑、争抢功勋，激战数个回合，难分高下之际，由水出来解围圆场，不再争功，从此“不同而和”。茶更体现宁静、恬淡，酒更显得热烈、辛辣、奔放。

唐代黄滔《题灵峰僧院》：“系马松间不忍归，数巡香茗一枰棋。”《壶公山》：“青草方中药，苍苔石里钱。琼津流乳窦，春色驻芝田……蠲疾寒甘露，藏珍起瑞烟。画工飞梦寐，诗客寄林泉……桃易炎凉熟，茶推醉醒煎。村家蒙枣栗，俗骨爽猿蝉。谷语升乔鸟，陂开共蒂莲。落枫丹叶舞，新蕨紫芽拳。”《题东林寺元祐上人院》：“庐阜东林寺，良游耻未曾……泉远携茶看，峰高结伴登。”《题宣一僧正院》：“茶取寒泉试，松于远涧移。”《题道成上人院》：“簟舒湘竹滑，茗煮蜀芽香。”《宿李少府园林》：“深院月凉留客夜，古杉风细似泉时。尝频异茗尘心净，议罢名山竹影移。”

唐代杜荀鹤《宿东林寺题愿公院》：“一溪月色非尘世，满

① 广征博引、取譬设喻。

洞松声似雨天。檐底水涵抄律烛，窗间风引煮茶烟。”《题衡阳隐士山居》：“松醪腊酝安神酒，布水宵煎觅句茶。”《题德玄上人院》：“刳得心来忙处闲，闲中方寸阔于天……罢定磬敲松罅月，解眠茶煮石根泉。”《怀庐岳书斋》：“煮茶窗底水，采药屋头山。”

唐代杜光庭《仙传拾遗》：“九陇人张守珪，仙君山有茶园，每岁召采茶人力百余人，男女傭工者杂处园中。有一少年，自言无亲族，赁为摘茶，甚勤愿了慧。”

唐代张蠙《夏日题老将林亭》：“百战功成翻爱静，侯门渐欲似仙家。墙头雨细垂纤草，水面风回聚落花。井放辘轳闲浸酒，笼开鹦鹉报煎茶。几人图在凌烟阁，曾不交锋向塞沙？”

唐代郑谷《峡中尝茶》：“蔟蔟新英摘露光，小江园里火煎尝。吴僧漫说鸦山好，蜀叟休夸鸟觜香。合座半瓯轻泛绿，开缄数片浅含黄。鹿门病客不归去，酒渴更知春味长。”《雪中偶题》：“乱飘僧舍茶烟湿，密洒歌楼酒力微。”《西蜀净众寺松溪八韵兼寄小笔崔处士》：“澄分僧影瘦，光彻客心清……淡烹新茗爽，暖泛落花轻。”《宗人惠四药》：“宗人忽惠西山药，四味清新香助茶。爽得心神便骑鹤，何须烧得白朱砂。”《蜀中三首》：“蒙顶茶畦千点露，浣花笺纸一溪春。”《寄献湖州从叔员外》：“远看城郭里，全在水云中……茶香紫笋露，洲回白蘋风。歌缓眉低翠，杯明蜡翦红。”《咏怀》：“薄宦浑无味，平生粗有诗。

淡交终不破，孤达晚相宜。竹声输我听，茶格共僧知。”

唐代陆希声《阳羡杂咏十九首·茗坡》：“二月山家谷雨天，半坡芳茗露华鲜。春醒酒病兼消渴，惜取新芽旋摘煎。”

唐代齐已《闻道林诸友尝茶因有寄》：“枪旗冉冉绿丛园，谷雨初晴叫杜鹃。摘带岳华蒸晓露，碾和松粉煮春泉。”《尝茶》：“石屋晚烟生，松窗铁碾声。因留来客试，共说寄僧名。味击诗魔乱，香搜睡思轻。春风雪川上，忆傍绿丛行。”《谢中上人寄茶》：“春山谷雨前，并手摘芳烟。绿嫩难盈笼，清和易晚天。且招邻院客，试煮落花泉。地远劳相寄，无来又隔年。”《咏茶十二韵》：“百草让为灵，功先百草成。甘传天下口，贵占火前名……嗅觉精新极，尝知骨自轻……角开香满室，炉动绿凝铛……颇贵高人寄，尤宜别匮盛。曾寻修事法，妙尽陆先生。”该诗通过写茶来表达自己卓尔不群的志向人格。

唐代郑遨《茶诗》：“嫩芽香且灵，吾谓草中英。夜臼和烟捣，寒炉对雪烹。惟忧碧粉散，常见绿花生。最是堪珍重，能令睡思清。”

唐代崔道融《谢朱常侍寄贶蜀茶、剡纸二首》：“瑟瑟香尘瑟瑟泉，惊风骤雨起炉烟。一瓯解却山中醉，便觉身轻欲上天。”

唐代秦韬玉《采茶歌》：“天柱香芽露香发，烂研瑟瑟穿荻篾……倚云便酌泉声煮，兽炭潜然虬珠吐……老翠看尘下才熟，搅时绕箸天云绿……洗我胸中幽思清，鬼神应愁歌欲成。”

唐代成彦雄《煎茶》："岳寺春深睡起时，虎跑泉畔思迟迟。蜀茶倩个云僧碾，自拾枯松三四枝。"

唐代刘兼《从弟舍人惠茶》："曾求芳茗贡芜词，果沐颁沾味甚奇。龟背起纹轻炙处，云头翻液乍烹时。老丞倦闷偏宜矣，旧客过从别有之。珍重宗亲相寄惠，水亭山阁自携持。"

唐代徐夤《尚书惠蜡面茶》："武夷春暖月初圆，采摘新芽献地仙。飞鹊印成香蜡片，啼猿溪走木兰船。金槽和碾沉香末，冰碗轻涵翠缕烟。分赠恩深知最异，晚铛宜煮北山泉。"《贡余秘色茶盏》："捩翠融青瑞色新，陶成先得贡吾君。功剜明月染春水，轻旋薄冰盛绿云。古镜破苔当席上，嫩荷涵露别江濆。中山竹叶醅初发，多病那堪中十分。"联句："臻山川精英秀气所钟，品具岩骨花香之胜。"

唐代韩鄂《四时纂要》："五月……焙茶药。茶药以火阁上，及焙笼中，长令火气至茶。"

五代毛文锡《茶谱》："蜀州其横源雀舌、鸟嘴、麦颗，盖取其嫩芽所造，其芽似之也。又有片甲者，即是早春黄茶，芽叶相抱如片甲也，皆散茶之最上也。茶嫩而薄的芽叶制成，品质上乘，成茶因薄嫩芽相抱如片甲而得名。"

五代陶穀[①]《清异录·茗荈门》："煮茶啜之，可以涤滞思而起清风。"其中"生成盏""茶百戏""漏影春"已有对"注

---

① 同"谷"。

汤幻茶”[1]的记载，即：斋面上的汤纹水脉会幻变出种种图样，若出水云雾，状花鸟虫鱼，恰如一幅幅水墨图画，是一种极为高雅的茶艺，被誉为“水丹青”，极具艺术价值。在此之前，还有唐代苏廙写成的点茶专著《十六汤品》。

五代徐铉《和门下殷侍郎新茶二十韵》：“暖吹入春园，新芽竞粲然。才教鹰觜拆，未放雪花妍。荷杖青林下，携筐旭景前。孕灵资雨露，钟秀自山川。碾后香弥远，烹来色更鲜。名随土地贵，味逐水泉迁。力藉流黄暖，形模紫笋圆。正当钻柳火，遥想涌金泉。任道时新物，须依古法煎。轻瓯浮绿乳，孤灶散余烟。竹孤空冉冉，荷弱谩田田。解渴消残酒，清神感夜眠。十浆何足馈，百榼尽堪捐。采撷唯忧晚，营求不计钱。爱甚真成癖，尝多合得仙。亭台虚静处，风月艳阳天。自可临泉石，何妨杂管弦。东山似蒙顶，愿得从诸贤。”

五代李中《献中书张舍人》：“煮茗山房冷，垂纶野艇轻。神清宜放旷，诗苦益纵横。”《书郭判官幽斋壁》：“倾壶待客花开后，煮茗留僧月上初。更有野情堪爱处，石床苔藓似匡庐。”《晋陵县夏日作》：“事简公庭静，开帘暑气中。依经煎绿茗，入竹就清风。”《赠朐山孙明府》：“闲抚素琴曹吏散，自烹新茗海僧来。买将病鹤劳心养，移得闲花用意栽。”《寄庐山白大师》：“泉美茶香异，堂深磬韵迟。”《宿青溪米处士幽居》：“静

---

① 分茶、点茶。

虑同搜句，清神旋煮茶。”《献中书韩舍人》：“烹茶留野客，展画看沧洲。”《访山叟留题》：“茶美睡心爽，琴清尘虑醒。”

北宋李昉《将就十章更献三首词虽愈拙诚即可矜或歌执事》：“野性从严只澹如，奉身求足不求余。清风明月三间屋，赤轴黄籤一架书。午睡爱茶鱼眼，春餐费笋锦皮疏。”《自过节辰又逢连假既闭关而不出但攲枕以闲眠》：“自喜身无事，乘春但种花。时时游野墅，往往宿僧家。入竹新寻笋，燃铛旋煮茶。”《和夏日直秘阁之什》：“窗前竹撼森疏影，树杪蝉吟断续声。闲蹋绿莎芒作履，旋烹芳茗石为铛。”

北宋王禹偁《恩赐龙凤茶》：“香于九畹芳兰气，圆如三秋皓月轮。爱惜不尝惟恐尽，除将供养白头亲。”《陆羽泉茶》：“甃石封苔百尺深，试茶尝味少知音。唯余半夜泉中月，留得先生一片心。”《赋得腊雪连春雪》：“腊雪连春雪，商民舞且歌。数年求不得，一只未为多。试法烹茶鼎，资吟落钓蓑。登楼应更好，丹水是银河。”《诗一首》（其一）：“陆羽茶泉金鼎冷，右军墨沼兔毫香。”《诗一首》：“煮茶收岁计，宜稻采民谣。”《武平寺留题》：“竹声冷撼秋窗雨，山影青笼晓院苔。最忆去年飞雪里，煮茶煨栗夜深回。”《仲咸以多编成商於唱和集以二十韵诗相赠依韵》：“糠籺豪家笑，鉶羹古味全……夜阁调琴月，秋堂煮茗烟。淡交轻势利，孤达鄙荣迁。媚挹怀珠水，幽听喷玉泉。谪居叨属和，都志命迍邅。”《扬州寒食赠屯田张员外成均吴博士同年殿省柳》：“谁言寒食下，终日取茶烹……吏隐掌鹾茗，终朝看道经……解印蓄素志，吟诗露丹诚。维扬非所爱，有便即归耕。”《茶园十二韵》：“舌小侔黄雀，毛狞摘绿猿。出蒸香更别，入焙火微温……汲泉鸣玉甃，开宴压瑶罇……沃心同直谏，苦口类嘉言。”《和陈州田舍人留别》：“茶烟静拂听琴鹤，谷雨轻笼锄麦人。”《对雪感怀呈翟使君冯中允同年》：“冻宜粘酒旆，香好试茶瓯……举白朱颜凝，飞文彩笔抽。玉冷期三爇，兰香任一菰……甘贫慕原宪，齐物学庄周。”《题张处士溪居》：“闲把道书寻晚迳，静携茶鼎洗春潮。”

北宋苏易简《文房四谱》：“叶嘉，字清友，号玉川先生，清友谓茶也。”

北宋丁谓《北苑焙新茶》：“北苑龙茶著，甘鲜的是珍……才吐微茫绿，初沾少许春……带烟蒸雀舌，和露叠龙鳞……头进英华尽，初烹气味醇。细番胜却麝，浅色过于筠。”《咏茶》：“建水正寒清，茶民已夙兴。萌芽先社雨，采掇带春水。碾细香尘起，烹新玉乳凝。烦襟时一啜，宁羡酒如渑？”

北宋林逋《监郡吴殿丞惠以笔墨建茶各吟一绝谢之·茶》：“石碾轻飞瑟瑟尘，乳花烹出建溪春。世间绝品人难识，閒对茶经忆古人。”《和酬泉南陈贤良见赠》：“泉关茶井当犹惜，火养丹炉看独频。”《深居杂兴》：“僧分乳食来阴洞，鹤觸[1]茶薪落蠹杉。”

---

① 同“触”。

北宋杨亿《建溪十咏》："越瓯犹借渌，蒙顶敢争新……百汲甘宁竭，千金志不迁。真茶泛云液，一歠可延年。"

北宋范仲淹《酬李光化见寄二首其一》："石鼎斗茶浮乳白，海螺行酒滟波红。"《萧洒桐庐郡十绝》："萧洒桐庐郡，春山半是茶。新雷还好事，惊起雨前芽。"《和章岷从事斗茶歌》："溪边奇茗冠天下，武夷仙人自古栽……露芽错落一番荣，缀玉含珠散嘉树。终朝采掇未盈襜[①]，唯求精粹不敢贪。研膏焙乳有雅制，方中[②]圭兮[③]圆中蟾[④]……黄金碾畔绿尘[⑤]飞，碧玉瓯中翠涛起。斗茶味兮轻醍醐，斗茶香兮薄兰芷……吁嗟天产石上英[⑥]，论功不愧阶前蓂。众人之浊我可清，千日之醉我可醒……长安酒价减百万，成都药市无光辉。不如仙山一啜好，泠然[⑦]便欲乘风飞。"范仲淹高歌："茶味胜过醍醐，茶香胜过兰芷；茶可清心神，可醒酒；茶使长安酒价减低，使成都药市凋敝。"

建安郡[⑧]是宋代最著名茶乡，公元996年设有北苑贡茶基地[⑨]，茶宴、茶会自更盛行。在北苑御茶园里，建有"乘风堂"，

① 围裙。
② 方形茶则量取茶粉。
③ 茶匙。
④ 搅动茶面如蟾状。
⑤ 绿色粉末状茶叶。
⑥ 山石上的好茶。
⑦ 轻妙貌。
⑧ 今建瓯。
⑨ 宫焙。

据说就是漕司官员为设茶宴特建的地方，在那里经常以茶代酒，宴请地方官员和当地士绅。建安民间茶宴代代流传，盛行不衰，至今仍是当地常见的款待亲朋的礼俗，以茶聚会，以茶联谊，简便高雅，节俭不俗。宋代饮茶法已从唐代煎煮法过渡到点茶法。所谓点茶，就是将碾细的茶末直接投入茶盏中，待汤瓶水煮沸后冲入茶盏，然后用茶筅在盏中击拂。北宋时期，斗茶[①]蔚然成风，从帝王显贵、文人雅士到市井百姓，无不对此兴致盎然。斗茶主要用团饼茶，判断输赢，一看茶面汤花的色泽与均匀程度；二看茶汤与茶盏[②]内沿相接处水痕[③]出现的早晚。汤花以色泽鲜白、细碎均匀为上。汤花紧贴盏沿，持久不散，称作“咬盏”，咬盏时间长者为赢家；汤花消散快，盏沿先出现水脚者则为输家。点茶、焚香、插花、挂画是宋人所谓“四大雅事”。

北宋晏殊《煮茶》：“稽山新茗绿如烟，静挈都蓝煮惠泉。未向人间杀风景，更持醪醑醉花前。”《建茶》：“北苑中春岫幌开，里民清晓驾肩来。丰隆已助新芽出，更作欢声动地催。”

北宋宋祁《答天台梵才吉公寄茶并长句》：“山中啼鸟报春归，阴阆阳墟翠已滋。初笋一枪知探候，乱花三沸记烹时。佛天甘露流珍远，帝辇仙浆待汲迟。饫罢翛然诵清句，赤城霞外想幽期。”《咏茶醾》：“来自蚕丛国，香传弱水神。析酲疑破鼻，

① 也称“茗战”，兼具趣味性与技术性。

② 建盏备受珍视。

③ 水脚。

并艳欲留春。”《答朱彭州惠茶长句》：“芳茗标图旧，灵芽荐味新。摘侵云崦晓，收尽露腴春。焙煖烘苍爪，罗香弄缥尘。铛浮汤目遍，瓯涨乳花匀。和要琼为屑，烹须月取津。饮萸闻药录，奴酪笑伧人。雪沫清吟肺，冰甆爽醉唇。嗅香殊太牿，瘠气定非真。坐忆丹丘伴，堂思陆纳宾。由来撤腻鼎，讵合燎劳薪。得句班条暇，分甘捉麈晨。二珍同一饷，嘉惠愧良邻。”

北宋余靖《和伯恭自造新茶》：“郡庭无事即仙家，野圃栽成紫筍茶。疏雨半晴回暖气，轻雷初过得新芽。烘褫精谨松斋静，采撷萦迂涧路斜。江水对煎萍彷佛，越瓯新试雪交加。一枪试焙春尤早，三盏搜肠句更加。多谢彩笺贻雅贶，想资诗笔思无涯。”

北宋梅尧臣《尝茶和公仪》：“汤嫩水轻花不散，口甘神爽味偏长……亦欲清风生两腋，从教吹土月轮傍。”《李仲求寄建溪洪井茶七品云愈少愈佳未知尝何》：“末品无水晕，六品无沉柤。五品散云脚，四品浮粟花。三品若琼乳，二品罕所加。绝品不可议，甘香焉等差。一日尝一瓯，六腑无昏邪。夜枕不得寐，月树闻啼鸦……安得一见之，煮泉相与夸。”《吕晋叔著作遗新茶》：“大窠有壮液，所发必奇颖……屑之云雪轻，啜已神魄惺。”《得雷太简自制蒙顶茶》：“比来唯建溪，团片敌金饼……凡今天下品，非此不览省。自煮至揉焙，入碾只俄顷。汤嫩乳花浮，香新舌甘永。”《和范景仁王景彝殿中杂题三十八首并次韵其三·七宝茶》：“七物甘香杂蕊茶，浮花泛绿乱於霞。啜之始觉君恩重，休作寻常一等夸。”《得福州蔡君谟密学书并茶》：“茶开片銙碾叶白，亭午一啜驱昏慵。”《颖公遗碧霄峰茗》：“到山春已晚，何更有新茶。峰顶应多雨，天寒始发芽。采时林狖静，蒸处石泉嘉。”《送崔黄臣殿丞之任庐山》：“石上菖蒲未见花，蒙顶茶牙初似觜。采时应忆故园春，故园开焙亦思人。”《发丹阳后寄徐元舆》：“烹茶觉暂醒，岸帻情弥逸。”《答建州沈屯田寄新茶》：“春芽研白膏，夜火焙紫饼。价与黄金齐，包开青蒻整。碾为玉色尘，远及芦底井。一啜同醉翁，思君聊引领。”《依韵和吴正仲闻重梅已开见招》：“重重好蕊重重惜，日日攀枝日日残。我为病衰方止酒，愿携茶具作清欢。”《次韵和永叔尝新茶杂言》：“入山乘露掇嫩觜，林下不畏虎与蛇……造成小饼若带銙，斗浮斗色倾夷华。味甘回甘竟日在，不比苦硬令舌窊……晴明开轩碾雪末，众客共赏皆称嘉……兔毛紫盏自相称，清泉不必求虾蟆。石瓶煎汤银梗打，粟粒铺面人惊嗟。诗肠久饥不禁力，一啜入腹鸣咿哇。”《南有嘉茗赋》：“取之由一叶而至一掬，输之若百谷之赴巨溟。华夷蛮貊，固日饮而无厌；富贵贫贱，不时啜而不宁……抑非近世之人，体惰不勤，饱食粱肉，坐以生疾，藉以灵荈而消腑胃之宿陈？若然，则斯茗也，不得不谓之无益于尔身，无功于尔民也哉。”

北宋文彦博《蒙顶茶》：“旧谱最称蒙顶味，露牙云液胜醍醐。公家药笼虽多品，略采甘滋助道腴。”《和公仪湖上烹蒙顶新茶作》："蒙顶露牙春味美，湖头月馆夜吟清。烦酲涤尽冲襟爽，暂适萧然物外情。"

北宋欧阳修《和梅公仪尝茶》："溪山击鼓助雷惊，逗晓灵芽发翠茎。摘处两旗香可爱，贡来双凤品尤精。寒侵病骨惟思睡，花落春愁未解酲。喜共紫瓯吟且酌，羡君萧洒有余清。"《次韵再作》："吾年向老世味薄，所好未衰惟饮茶……论功可以疗百疾，轻身久服胜胡麻……亲烹屡酌不知厌，自谓此乐真无涯。"《送龙茶与许道人》："凭君汲井试烹之，不是人间香味色。"《和原父扬州六题，时会堂二首其一》："积雪犹封蒙顶树，惊雷未发建溪春。中州地暖萌芽早，入贡宜先百物新。"《尝新茶呈圣俞》："人情好先务取胜，百物贵早相矜夸……万木寒痴睡不醒，惟有此树先萌芽。乃知此为最灵物，宜其独得天地之英华……泉甘器洁天色好，坐中拣择客亦嘉。新香嫩色如始造，不似来远从天涯。停匙侧盏试水路，拭目向空看乳花……由来真物有真赏，坐逢诗老频咨嗟。"《双井茶》："西江水清江石老，石上生茶如凤爪。穷腊不寒春气早，双井芽生先百草。白毛囊以红碧纱，十斤茶养一两芽……岂知君子有常德，至宝不随时变易。君不见建溪龙凤团，不改旧时香味色。"欧阳修对修水的双井茶[①]极为推崇，并在《归田录》著述双井白芽品质远胜西湖宝云茶和绍兴日铸茶。欧阳修认为品茶须是新茶、水甘、器洁，再加上天朗、

① 采摘十分细嫩。

客嘉，此“五美”俱全，方可达到“真物有真赏”的境界。

北宋赵抃《次韵许少卿寄卧龙山茶》：“越芽远寄入都时，酬倡珍誇互见诗。紫玉丛中观雨脚，翠峰顶上摘云旗。啜多思爽都忘寐，吟苦更长了不知。”

北宋蔡襄《即惠山泉煮茶》：“此泉何以珍，适与真茶遇。在物两称绝，於予独得趣。鲜香筹下云，甘滑杯中露。当能变俗骨，岂特湔尘虑。昼静清风生，飘萧入庭树。中含古人意，来者庶冥悟。”《和杜相公谢寄茶》：“破春龙焙走新茶，尽是西溪近社芽……鲜明香色凝云液，清彻神情敌露华。”《北苑十咏》：“兔毫紫瓯新，蟹眼青泉煮……愿尔池中波，去作人间雨。”“山好水亦珍，清切甘如醴。”“千万碧玉枝，戢戢抽灵芽。”“焙出香色全，争夸火候是。”“灵泉出地清，嘉卉得天味。”《和诗送茶寄孙之翰》：“北苑灵芽天下精，要须寒过入春生。故人偏爱云腴白，佳句遥传玉律清。衰病万缘皆绝虑，甘香一味未忘情。封题原是山家宝，尽日虚堂试品程。”《题僧希元禅隐堂》：“删竹减庭翠，煮茶生野香。云山莫腾诮，心地本清凉。”《送胡武平出守吴兴》：“东南有佳士，文高志清苦……橘嫩宴亭秋，茶香斋阁午。”《上巳日州园东楼》：“粉箨渐高山径笋，绿旗初展石岩茶。”《唐彦猷挽词二首其一》：“直当冠獬豸，清可濯沧浪。美研精煤色，文瓯昼茗香。”《昼寝宴坐轩忆与苏才翁会别》：“解与尘心消百事，更开新焙煮灵芽。”《圣泉》：“源流出何山，涌涸兹有异。湛然盈不泓，余波下金地。清甘本无滓，渴饮得真味。端能发茶色，博亦资农利。矧[①]兹民俗安，溢滋尤可憙[②]。满酌复携归，良追曲肱意。”《茶录》：“茶有真香……茶味主于甘滑。汤上盏可四分则止，视其面色鲜白，著盏无水痕为绝佳。建安斗试，以水痕先者为负，耐久者为胜。”蔡襄每次挥毫必以茶作伴。欧阳修深知君谟嗜茶痴茶，在请君谟为他写《集古录目》序时，以大小龙团及惠山泉水作为“润笔”。蔡襄得而大为喜悦，笑称“太清而不俗”。

北宋文同《谢人寄蒙顶新茶》：“蜀土茶称盛，蒙山味独珍。灵根托高顶，胜地发先春。几树初惊暖，群篮竞摘新。苍条寻暗粒，紫萼落轻鳞。的皪[③]香琼碎，藍鬖绿蛋匀。慢烘防炽炭，重碾敌轻尘。无锡泉来蜀，乾崤盏自秦。十分调雪粉，一啜咽云津。沃睡迷无鬼，清吟健有神。冰霜疑入骨，羽翼要腾身。磊磊真贤宰，堂堂作主人。玉川喉吻涩，莫惜寄来频。”《谢许判官惠茶图茶诗》：“成图画茶器，满幅写茶诗。”《送提刑司勋》：“惟携茶具常幽绝，新胯珍团曾不齐。”《子平棋负茶墨小章督之》：“睡忆建茶斟潋滟，画思兖墨泼淋漓。”《和仲蒙夜坐》：“少睡始知茶效力，大寒须遣酒争豪。”

北宋曾巩《尝新茶》：“麦粒收来品绝伦，葵花制出样争新。

---

① 况且。
② 古同“喜”。
③ 明亮。

一杯永日醒双眼，草木英华信有神。”《以白山茶寄吴仲庶见贶[①]佳篇依韵和酬》：“山茶纯白是天真，筠笼封题摘尚新。秀色未饶三谷雪，清香先得五峰春。”《趵突泉》：“滋荣冬茹湿常早，涧泽春茶味更真。”《寄献新茶》：“种处地灵偏得日，摘时春早未闻雷。京师万里争先到，应得慈亲手自开。”

北宋王珪《和公仪饮茶》：“北焙和香饮最真，绿芽未雨带旗新。煎须卧石无尘客，摘是临溪欲晓人。云叠乱花争一水，凤团双影负先春。清风未到蓬莱路，且把吟瓯伴醉巾。”《端午内中帖子词·夫人阁》：“金缕黄龙扇，兰芽翠釜汤。君王回浴殿，步辇正生香。”

北宋司马光《南园杂诗六首·不寐》：“长年睡益少，气耗非神清。昨朝多啜茶，况以思虑并。”《双井茶寄赠景仁》：“欲凭洪井真茶力，度遣力圭报谷神。”《潞公游龙门光以室家病不获参陪献诗十六韵》：“绝顶标孤刹，疏林透远钟。气蒸泉郁郁，冰绽水溶溶。棋局移依石，茶炉坐荫松。”《句》：“清茶淡话难逢龙，浊歌狂歌易得朋。”《太博同年叶兄纾以诗及建茶为贶家有蜀笺二轴》：“闽山草木未全春，破类真茶采撷新。雅意不忘同臭味，先分畴昔桂堂人。”《清燕亭》：“波澄荫群木，永日淇清华。碧筱静秋色，白苹低晚花。松声工醒酒，泉味最便茶。外事付丞掾，无妨风景嘉。”《旬虑十七韵呈同舍》：“菊畦亲

① 赠送。

灌浸，茶器自涓涤。”《寄题洪州慈济师西轩》：“山气高闪霁，湖光碧照秋。烟疏茶灶迥，灯冷竹房幽。”《小诗招僚友晚游后园二首其一》：“何以榼间煮新茗，更来花底覆残棋。”《三月十五日宿魏云夫山庄》：“饮炊松粒细，肋采蕨芽新。静觉精神健，闲知气味真。”

北宋苏颂《诸公和雷字韵茶诗四绝句外复有继作辄续二篇》：“数杯茗饮沃羁怀，消尽醒醲爽气来。”《送洞霄宫王文玉学士归吴》：“冬课洞庭千户橘，春尝石缝一枪茶。”《次韵李公择谢黄学士惠文潞公所送密云小团一》：“小团品外众茶魁，宅相分从宰相来。南省同僚得传玩，朵颐终日味山雷。”《太傅相公以梅圣俞寄和建茶诗垂示俾次前韵》：“近来不贵蜀吴茶，为有东溪早露芽……从此闽乡益珍尚，佳章奇品两相夸。”《次韵李公择送新赐龙团与黄学士三绝句》：“红旗筠笼过银台，赤印囊封贡茗来。社后三旬颁近列，须知邮置疾奔雷。”“黄金芽嫩先春发，紫碧团芳出焙来。闻说采时争节候，喊山声动甚惊雷。”“团团龙镜未磨开，馥馥新香满座来。试酌灵泉看饽沫，犹疑盏底有风雷。”《再次韵》：“上尊百倍胜新丰，御茗珍兼大小龙。露芽轻嫩研香馥，云朵纤浓印迹重。拜赐频繁何以报，惟坚名节比寒松。”《石缝泉清轻而甘滑传闻有年矣前此数欲疏引入》：“峨峨凤凰山，有泉出其腋。初微才滥觞，渐大乃穿石。灵苗荫茶槚，宝气近金锡。毖彼渊源长，兹惟云雾液。人传煮茗奇，味与中泠敌。”《和刘明仲都曹见别三首其一》：“尚纤轩冕心颜厚，但觉林泉兴味浓。茗饮药苗留待客，时时宾友自过从。”

北宋王安石《送周都官通判湖州》：“酒醪犹美好，茶荈正芳新。”《同熊伯通自定林过悟真二首》：“与客东来欲试茶，倦投松石坐欹斜。暗香一阵连风起，知有蔷薇涧底花。”《送张宣义之官越幕二首》：“土润箭萌美，水甘茶串香。”《碧月团团堕九天》：“碧月团团堕九天，封题寄与洛中仙。石楼试水宜频啜，金谷看花莫漫煎。”《议茶法》：“夫茶之为民用，等于米盐，不可一日以无。”《晚春》：“春残叶密花枝少，睡起茶多酒盏疏。斜倚屏风搔首坐，满簪华发一床书。”《警世通言·王安石三难苏学士》记载：王安石托出差的苏轼带三峡中峡[①]之水回来用以煮茶，后来苏轼旅途诗兴勃发错过中峡水，只好取回下峡水充当中峡水想蒙混过关，结果被高明的王安石识破。王安石雄辩于上峡、中峡、下峡之水质差异及其泡茶之不同效果，令东坡大惊，还出了一副对联[②]考苏轼。苏东坡虽是奇才，却也对不出，只好甘拜下风，黯然谢罪。

北宋吕陶《和毅甫惠茶相别》：“茶新诗亦新，垂贶及羁客。有味皆清真，无瑕可指摘。”《以茶寄宋君仪有诗见答和之》：“九峰之民多种茶，山村栉比千万家。朝脯伏腊皆仰此，累岁凭

---

① 巫峡。

② 这副对联的上联是：“一岁两春双八月，人间两度春秋。”王安石要苏东坡对出下联。

恃为生涯……诚宜玉筒摘佳品，或向武夷搜早英。汲将楚谷水，就取石鼎烹。可以助君淳深幽寂之道味，高古平淡之诗情。小方片甲洎鞘翼，凡下不足论芳馨。”

北宋刘挚《煎茶》：“石鼎沸蟹眼，玉瓯浮乳花。诗思一坐爽，睡魔千里遐。茂陵病解渴，顿觉肺气嘉。玉川风腋兴，直欲凌烟霞。”

北宋沈括《梦溪笔谈·杂志》：“茶芽，古人谓之雀舌、麦颗，言其至嫩也。今茶之美者，其质素良，而所植之木又美，则新芽一发，便长寸余，其细如针。惟芽长者为上品，以其质干、土力皆有余故也。如雀舌、麦颗者，极下材耳，乃北人不识，误为品题。余山居有《茶论》，《尝茶》诗云‘谁把嫩香名雀舌，定知北客未曾尝。不知灵草天然异，一夜风吹一寸长’。古人论茶，唯言阳羡、顾渚、天柱、蒙顶之类。”

北宋袁枢《武夷精舍十咏·茶灶》：“摘茗蜕仙岩，汲水潜虬穴。旋然石上灶，轻泛瓯中雪。清风已生腋，芳味犹在舌。何时棹孤舟，来此分余啜。”

北宋王令《谢张和仲老宝云茶》：“故人有意真怜我，灵荈封题寄荜门。与疗文园消渴病，还招楚客独醒魂。烹来似带吴云脚，摘处尘无谷雨痕。果肯同尝竹林下，寒泉应有惠山存。”

北宋辩才大师《龙井新亭初成诗呈府帅苏翰林》：“湖山一日尽，万象掌中浮。煮茗款道论，奠爵致龙优。过溪虽犯戒，兹意亦风流。自惟日老病，当期安养游。”

北宋苏轼《次韵曹辅寄壑源试焙新茶》：“仙山灵草湿行云，洗遍香肌粉未匀。明月来投玉川子，清风吹破武林春。要知冰（一作“玉”）雪心肠好，不是膏油首面新。戏作小诗君一笑，从来佳茗似佳人。”诗中的“灵草、香肌、冰雪”均指茶。《元翰少卿宠惠谷帘水一器龙团二枚仍以新诗为》：“岩垂匹练千丝落，雷起双龙万物春。此水此茶俱第一，共成三绝景中人。”《雨中邀李范庵过天竺寺作》：“花雨檐前乱，茶烟竹下孤。乘闲携画卷，习静对香炉。”《曹溪夜观传灯录灯花落一僧字上口占》：“不觉灯花落，茶毗一个僧。”《道者院池上作》：“清风乱荷叶，细雨出鱼儿。井好能冰齿，茶甘不上眉。归途更萧瑟，真个解催诗。”《赠包安静先生茶三首其一》：“皓色生瓯面，堪称雪见羞。东坡调诗腹，今夜睡应休……奉赠包居士，僧房战睡魔。”《佛日山荣长老方丈五绝》：“食罢茶瓯未要深，清风一榻抵千金。腹摇鼻息庭花落，还尽平生未足心。”《游惠山》：“敲火发山泉，烹茶避林樾。明窗倾紫盏，色味两奇绝。”《赵德麟饯饮湖上舟中对月》：“官余闲日月，湖上好清明。新火发茶乳，温风散粥饧。”《将之湖州戏赠莘老》：“湖中桔林新著霜，溪上苕花正浮雪。顾渚茶牙白于齿，梅溪木瓜红胜颊。”《南歌子·晚春》：“已改煎茶火，犹调入粥饧。使君高会有余清。此乐无声无味、最难名。”《行香子·茶词》：“酒阑时、高兴无穷。共夸君赐，初拆臣封。看分香饼，黄金缕，密云龙。斗赢一水，功敌千钟。觉凉生、两腋清风。”《十拍子·暮秋》：“玉粉旋烹茶乳，金薤新捣橙香。”《宿资福院》：“衣染炉烟金漏迴，茶烹石鼎玉蟾留。”《问大冶长老乞桃花茶栽东坡》：“周诗记苦荼，茗饮出近世……嗟我五亩园，桑麦苦蒙翳。不令寸地闲，更乞茶子蓺。”《越州张中舍寿乐堂》：“春浓睡足午窗明，想见新茶如泼乳。”《参寥上人初得智果院会者十六人分韵赋诗轼得》：“茶笋尽禅味，松杉真法音。云崖有浅井，玉醴常半寻。遂名参寥泉，可濯幽人襟。相携横岭上，未觉衰年侵。一眼吞江湖，万象涵古今。”《种茶》：“松间旅生茶，已与松俱瘦……移栽白鹤岭，土软春雨后……何如此一啜，有味出吾囿。”《留别金山宝觉圆通二长老》：“沐罢巾冠快晚凉，睡余齿颊带茶香。”《句诗二句》：“饮非其人茶有语，闭门独啜心有愧。”《是日偶至野人汪氏之居有神降于其室自称天人》：“酒渴思茶漫扣门，那知竹里是仙村。”《浣溪沙》：“酒困路长惟欲睡，日高人渴漫思茶。敲门试问野人家。”《汲江煎茶》：“活水还须活火烹，自临钓石取深清。大瓢贮月归春瓮，小杓分江入夜瓶。雪乳已翻煎处脚，松风忽作泻时声。枯肠未易禁三碗，坐听荒城长短更。”《试院煎茶》：“蟹眼已过鱼眼生，飕飕欲作松风鸣。蒙茸出磨细珠落，眩转绕瓯飞雪轻。昔时李生好客手自煎，贵从活火发新泉……不用撑肠拄腹文字五千卷，但愿一瓯常及睡足日高时。”

《送南屏谦师》："道人晓出南屏山，来试点茶三昧手……天台乳花世不见，玉川风腋今安有。"《又赠老谦》："泻汤旧得茶三昧，觅句近窥诗一斑。"《游诸佛舍，一日饮酽茶七盏，戏书勤师壁》："何须魏帝一丸药，且尽卢仝七碗茶。"《端午遍游诸寺得禅字》："焚香引幽步，酌茗开静筵。"《雨中过舒教授》："浓茗洗积昏，妙香净浮虑。"《次韵僧潜见赠》："独依古寺种秋菊，要伴骚人餐落英……我欲仙山掇瑶草，倾筐坐叹何时盈。簿书鞭扑昼填委，煮茗烧栗宜宵征。"《次韵蒋颖叔、钱穆父从驾景灵宫二首其一》："病贪赐茗浮铜叶，老怯香泉滟宝樽。"《怡然以垂云新茶见饷报以大龙团仍戏作小诗》："妙供来香积，珍烹具大官。拣芽分雀舌，赐茗出龙团。晓日云庵暖，春风浴殿寒。"《饮酒四首其一》："有客远方来，酌我一杯茗。我醉方不啜，强啜忽复醒。"《虔守霍大夫监郡许朝奉见和此诗复次前韵》："同烹贡茗雪，一洗瘴茅秋。"《寄周安孺茶》："灵品独标奇，迥超凡草木……旋洗玉泉蒸，芳罄岂停宿……香浓夺兰露，色嫩欺秋菊。闽俗竞传夸，丰腴面如粥……清风击两腋，去欲凌鸿鹄……意爽飘欲仙，头轻快如沐。"《赠杜介》："松风吹茵露，翠湿香嫋嫋……仙葩发茗碗，剪刻分葵蓼。"《轼以去岁春夏，侍立迩英，而秋冬之交，子由相继入》："上尊初破早朝寒，茗碗仍沾讲舌乾。"《记梦回文二首》："酡颜玉碗捧纤纤，乱点余花唾碧衫。歌咽水云凝静院，梦惊松雪落空岩。""空花落尽酒倾缸，日上山融雪涨江。红焙浅瓯新火活，龙团小碾斗晴窗。”《鲁直以诗馈双井茶次韵为谢》：“江夏无双种奇茗，汝阴六一夸新书。磨成不敢付僮仆，自看汤雪生玑珠。”《绝句三首其一》：“偶为老僧煎茗粥，自携修绠汲清泉。”《虎跑泉》：“金沙泉涌雪涛香，洒作醍醐大地凉。倒浸九天河影白，遥通百谷海声长……更续茶经校奇品，山瓢留待羽仙尝。”《平安泉》：“烹茗僧誇瓯泛雪，炼丹人化骨成仙。”《和钱安道寄惠建茶》：“森然可爱不可慢，骨清肉腻和且正。雪花雨脚何足道，啜过始知真味永。”《望江南·超然台作》：“休对故人思故国，且将新火试新茶。诗酒趁年华。”《仇池笔记·论茶》：“吾有一法，每食已，以浓茶漱口，烦腻即去，而脾胃不知。肉在齿间，消缩脱去，不烦挑刺，而齿性便若缘此坚密。”苏轼嗜茶、爱茶，于品茶、烹茶、种茶、辨泉[①]均在行。龙井村狮峰山麓现有高僧辩才与苏轼品茗论道的雕像。苏东坡之才博艺馨，所涉领域之广、著述之丰、境界之高，实属罕见。

北宋苏辙《茶花二首其一》：“耿耿清香崖菊淡，依依秀色岭梅如。细嚼花须味亦长，新芽一粟叶间藏。稍经腊雪侵肌瘦，旋得春雷发地狂。开落空山谁比数，烝烹来岁最先尝。枝枯叶硬天真在，踏遍牛羊未改香。”《次韵李公择以惠泉答章子厚新茶二首其一》：“性似好茶常自养，交如泉水久弥亲。”《书

① “精品厌凡泉”。

庐山刘顗宫苑屋壁三绝》：“岩头悬布煎茶足，峡口惊雷泛叶悭。”《次韵韩宗弼太祝送游太山》：“春深绿野初开绣，云解青山半脱裘。回首红尘读书处，煮茶留客小亭幽。”《游庐山山阳七咏·漱玉亭》：“入瓶铜鼎春茶白，接竹斋厨午饭香。”《答荆门张都官维见和惠泉》：“平铺清池满，皎皎自明澈。甘凉最宜茶，羊炙可用雪。”《宋城宰韩秉文惠日铸茶》：“君家日铸山前住，冬后茶芽麦粒粗。磨转春雷飞白雪，瓯倾锡水散凝酥。”《南斋独坐》：“香烟穠作穗，茶面结成花。细竹才通径，长松初有槎。”《题方子明道人东窗》：“纸窗云叶净，香篆细烟青。客到催茶磨，泉声响石瓶。”《陪杜充张恕鸿庆宫避暑》：“桃香呈绛颊，瓜熟裹青罗。饭细经唇滑，茶新到腹蔼……晚照明疏柳，微风响众荷。”《扬州五吟其三蜀井》：“信脚东游十二年，甘泉香稻忆归田。行逢蜀井恍如梦，试煮山茶意自便。”《次韵陈师仲主簿见寄》：“山牙收细茗，江实得流萍。”《赠净因臻长老》：“清泉自清身自洁，尘垢无生亦无灭……与君饱食更何求，一杯茗粥倾铜叶。”

北宋舒亶《醉花阴·试茶》：“露芽初破云腴细。玉纤纤亲试。香雪透金瓯，无限仙风，月下人微醉。”《菩萨蛮（湖心寺席上赋茶词）》：“香泛雪盈杯，云龙疑梦回。不辞风满腋，旧是仙家客。坐得夜无眠，南窗衾枕寒。”

北宋黄庭坚《寄新茶与南禅师》：“筠焙熟香茶，能医病眼花。

因甘野夫食，聊寄法王家。石钵收云液，铜瓶煮露华。一瓯资舌本，吾欲问三车。”《品令·茶词》：“金渠体净，只轮慢碾，玉尘光莹。汤响松风，早减了、二分酒病。味浓香永。醉乡路，成佳境。恰如灯下，故人万里，归来对影。口不能言，心下快活自省。”《阮郎归·黔中桃李可寻芳》：“黔中桃李可寻芳，摘茶人自忙。月团犀腌斗圆方，研膏入焙香。青箬裹，绛纱囊，品高闻外江。酒阑传碗舞红裳，都濡[①]春味长。”《阮郎归·效福唐独木桥体作茶词》：“烹茶留客驻金鞍。月斜窗外山。别郎容易见郎难。有人思远山。归去后，忆前欢。画屏金博山。一杯春露莫留残。与郎扶玉山。”《奉谢刘景文送团茶》：“鹅溪水练落春雪，粟面一杯增目力。”《满庭芳·北苑龙团》：“北苑龙团，江南鹰爪，万里名动京关。碾深罗细，琼蕊暖生烟。一种风流气味，如甘露、不染尘凡。纤纤捧，冰瓷莹玉，金缕鹧鸪斑。”《双井茶送子瞻》：“我家江南摘云腴[②]，落硙霏霏雪不如。”《题落星寺四首其三》：“燕寝清香与世隔，画图妙绝无人知。蜂房各自开户牖，处处煮茶藤一枝。”《奉同六舅尚书咏茶碾煎烹三首》：“碎身粉骨方余味，莫厌声喧万壑雷。”“风炉小鼎不须催，鱼眼长随蟹眼来。深注寒泉收第一，亦防枵腹爆乾雷[③]。”“乳粥琼糜雾脚回，色香味触映根来。睡魔有耳不及掩，直拂绳床过

① 唐代名茶。

② 高山云雾茶。

③ 以寒泉深处水为上，煎至“鱼眼”即水泡生起为度。

疾雷。”《官九家赋雪》：“石鼎香浮北焙茶，洪炉壳爆宣城果。”《次韵叔原会寂照房》：“僧窗茶烟底，清绝对二妙。俱含万里情，雪梅开岭徼。”《送李德素归舒城》：“篁翻寒江浪，茶破苍璧影。”《谢陈正字送荔枝三首其一》：“斋余睡思生汤饼，红颗分甘惬下茶。如梦泊船甘柘雨，芭蕉林里有人家。”《叔父给事挽词十首其一》：“蜀茶总入诸蕃市，胡马常从万里来。”《延寿寺僧小轩极萧洒予为名曰林乐取庄生所谓》：“积雨灵香润，晚风红药翻。盥手散经帙，烹茶洗睡昏。”《催公静碾茶》：“睡魔正仰茶料理，急遣溪童碾玉尘。”《答许觉之惠桂花椰子茶盂二首其一》：“故人相见各贫病，且可烹茶当酒肴。”《奉和王世弼寄上七兄先生用其韵》：“斋余佛饭香，茶沸甘露满。”《与胡彦明处道饮融师竹轩》：“井寒茶鼎甘，竹密午阴好。”《辱粹道兄弟寄书久不作报以长句谢不敏》：“几时得计休官去，笋叶裹茶同趁虚。”《次韵叔父台源歌》：“茶甘酒美汲双井，鱼肥稻香派百泉。”《同谢公定携书浴室院汶师置饭作此》：“竹林风与日俱斜，细草犹开一两花。天上归来对书客，愧勤僧饭更煎茶。”《了了庵颂》：“方广庵名了了，了了更著庵庶。又要涪翁作颂，且图锦上添花。若问只今了未，更须侍者煎茶。”《次韵感春五首其一》：“茶如鹰爪拳，汤作蟹眼煎。时邀草玄客，晴明坐南轩。笑谈非世故，独立万物先……吾人抚荣观，燕处自超然。”《次韵张仲谋过酺池寺斋》：“诸阮有二妙，能诗定自嘉。何时来煮饼，蟹眼试官茶。”《寄南阳谢外舅》：“雪屋煮茶药，晴檐张画图。”《谢曹子方惠二物二首之煎茶铘》：“茗椀有何好，煮铘被宠珍。”《谢黄从善司业寄惠山泉》：“锡谷寒泉撱石俱，并得新诗虿尾书。急呼烹鼎供茗事，晴江急雨看跳珠。是功与世涤膻腴，令我屡空常晏如。安得左轓清颍尾，风炉煮茗卧西湖。”《次韵子瞻题无咎所得与可竹二首粥字韵戏嘲无》：“十字供笼饼，一水试茗粥。忽忆故人来，壁间风动竹。”《看花回·茶词》：“催茗饮、旋煮寒泉，露井瓶窦响飞瀑。纤指缓、连环动触。渐泛起、满瓯银粟。香引春风在手，似粤岭闽溪，初采盈掬……怎归得，鬓将老，付与杯中绿。”《以椰子茶瓶寄德孺二首其一》：“携持二十年，煮茗当酒肴。”《好事近·橄榄》：“潇洒荐冰盘，满坐暗惊香集。久后一般风味，问几人知得。画堂饮散已归来，清润转更惜。留取酒醒时候，助茗瓯春色。”《答黄冕仲索煎双井并简扬休》：“能浇茗椀湔祓我，风袂欲挹浮丘翁……不嫌水厄幸来辱，寒泉汤鼎听松风，夜堂朱墨小灯笼。”《以双井茶送孔常父》：“故持茗椀浇舌本，要听六经如贯珠。心知韵胜舌知腴，何似宝云与真如。”《和答子瞻》：“故园溪友脍腹腴，远包春茗问何如。玉堂下直长廊静，为君满意说江湖。”《次韵张询斋中晚春》：“非无车马客，心远境亦静。挽蔬夜雨畦，煮茗寒泉井。”《以小团龙及半挺赠无咎并诗用前韵为戏》：“赤铜茗椀雨斑斑，银粟翻光解破颜……曲几团蒲听煮汤，煎成车声绕羊肠。鸡苏胡麻留渴羌，不应乱我官焙香。肥如瓠壶鼻雷吼，幸君饮此勿饮酒。”《慈孝寺饯子敦席上奉同孔经父八韵》：“晴云浮茗椀，飞雹落文楸。”《次韵答黄与迪》：“兰芳深九畹，露味挹三危……胸中凌云赋，自贵知音希。渊源学未浅，孝友家正肥……吴溪浣纱女，不用朱粉施……邂逅终日语，贻我五字诗……老马甘伏枥，坐看天骥驰。洒扫清樾下，当为果茗期。光阴去易失，日月转两仪……寸步不往来，千里常梦思。”《雨中花·送彭文思使君》：“西州纵有，舞裙歌板，谁共茗邀棋敌……乐事赏心易散，良辰美景难得。”《丁巳宿宝石寺》：“钟磬秋山静，炉香沉水寒。晴风荡蒙雨，云物尚盘桓。沦茗赤铜椀，笕泉苍烟竿……观已自得力，谈玄舌本乾。”《和凉轩二首其一》：“茗椀梦中觉，荷花镜里香。”《次韵答常甫世弼二君不利秋官郁郁初不平故予》：“围棋饭后约，煨栗夜深邀……甘泉沸午鼎，茗椀方屡浇……男儿强饮食，九鼎等一瓢。”《奉和文潜赠无咎篇末多见及以既见君子云胡不喜为韵》：“十载长相望，逝川水沄沄。何当谈绝倒，茗椀对炉薰。”《邹松滋寄苦竹泉橙麴莲子汤三首其一》：“松滋县西竹林寺，苦竹林中甘井泉。巴人漫说虾蟆培，试裹春芽来就煎。”《又戏为双井解嘲》：“山芽落磑风回雪，曾为尚书破睡来。勿以姬姜弃蕉萃，逢时瓦釜亦鸣雷。”《煎茶赋》：“汹汹乎如涧松之发清吹，皓皓乎如春空之行白云。宾主欲眠而同味，水茗相投而不浑。苦口利病，解醪涤昏，未尝一日不放箸，而策茗椀之勋者也。”《答从圣使君书》：“此邦茶乃可饮……今往黔州[①]得都濡月兔[②]两饼，施州入香六饼，试将焙碾尝。都濡在刘氏时贡炮也，味殊厚。恨此方难得，真好事者耳。”黄庭坚是江西诗派鼻祖、文化巨匠，著名的大孝子[③]，于书法、哲学、诗词文章、伦理道德、史学、教育等方面做出卓越贡献，在宗教、美术、医学及茶、酒等诸多领域都有精深造诣。

北宋黄儒《品茶要录》：“士大夫沐浴膏泽……夫体势洒落，神观冲淡，惟兹茗饮为可喜。园林亦相与摘英夸异，制卷鬻新而趋时之好，故殊绝之品始得自出于蓁莽之间，而其名遂冠天下。”“凡肉理实厚，体坚而色紫，试时泛盏凝久，香滑而味长者，壑源之品也。余尝论茶之精绝者……乘晷景之明净，适轩亭之潇洒，一取佳品尝试，既而神水生于华池，愈甘而清，其有助乎！”

北宋秦观《茶》：“茶实嘉木英，其香乃天育。芳不愧杜蘅，清堪掩椒菊……侵寻发美鬯，猗狔生乳粟[④]。”《茶臼》：“幽人耽茗饮，刳木事捣撞……茶仙赖君得，睡魔资尔降。”《广陵五题其三次韵子由题蜀井》：“蜀冈精气滀多年，故有清泉发石田。乍饮肺肝俱澡雪，久窥杖屦亦轻便。炊成香稻流珠滑，煮出

---

① 黔州辖彭水、道真、务川等县。

② 都濡高株茶。

③ 二十四孝之一。

④ 烹茶所起的泡沫。

新茶泼乳鲜。”《次韵谢李安上惠茶》：“寒泉漉收诸品玉，午瓯初试一团花……从此道山春困少，黄书剩校两三家。”

北宋米芾《满庭芳·咏茶》：“窗外炉烟自（一作“似”）动，开瓶试、一品香泉。轻涛（一作“淘”）起，香生玉乳（一作“尘”），雪溅紫瓯圆。频相顾，余欢未尽，欲去且流连。”《句其四》：“饭白云留子，茶甘露有兄。”宋徽宗时期，米芾赞叹老刘家茶坊的茶是襄阳最好的春茶，为刘延安[①]家族开设的茶坊题写匾名“汉家刘氏茶坊”。

北宋晁补之《送曹子方福建转运判官二首其一》：“江入桐庐青欲断，溪从剑浦碧来迎。茶虽户种租宜薄，盐不家煎价欲平。”《张杰以龙茶换苏帖》：“寄茶换字真佳尚，此事人间信亦稀。”《鲁直复以诗送茶云愿君饮此勿饮酒次韵》：“相茶真似石韫璧，至精那可皮肤识。”《次韵答叶学古》：“斫薪煮山茗，萧洒破百忧。”《黄莺儿·同前》：“南园佳致偏宜暑……听乱飐芰荷风，细洒梧桐雨。观数点茗浮花，一缕香萦炷。”《次韵苏翰林五日扬州石塔寺烹茶》：“今公食方丈，玉茗摅噫噎……中和似此茗，受水不易节。轻尘散罗曲，乱乳发瓯雪……老谦三昧手，心得非口诀。谁知此间妙，我欲希超绝。”《再用发字韵谢毅父送茶》：“未须乘此蓬莱去，明日论诗齿颊香。”

北宋陈师道《和黄充实春尽游南山》：“口燥沾茗碗，久厄

① 杭州茶盐转运使，官居二品。

此为德。”《和南丰先生西游之作》：“山僧煮茗留宽坐，寺板题名卜再来。”《南乡子·九日用东坡韵》：“禅榻茶炉深闭阁，飕飕。人意自阑花自好，休休。”《赠鲁直》：“相逢不用蚤，论交宜晚岁。平生易诸公，斯人真可畏……子如双井茶，众口愿其尝。顾我如麦饭，犹足填饥肠，陈诗传笔意，愿立弟子行。何以报嘉惠，江湖永相忘。”

北宋张耒《何处春深好二首》（其一）：“何处春深好，春深禅宿家。茶炉寒夙火，佛案晓添花。坏宅无妖火，通途有宝车。院深人不到，幡影逐风斜。”《冬日书事二首》（其一）：“风高收野潦，霜晚足园蔬。宿火温茶箧，明灯转素书。”《病肺齿痛对雪》：“惟有烹茶心未厌，故知淡泊味能长。”《雨中五首》（其一）：“欲酌消愁酒，先浇破睡茶。”《直庐联句》：“上合井泉甘若醴，蓬山点茶竹阴底……身闲出饮官不嗔，日长睡足长精神。”《游楚州天庆观观高道士琴棋》：“围棋尽扫一堂空，烹茶旋煮新泉熟。弹琴对客客卧听，悦耳泠泠三四曲。”

北宋刘过《临江仙·茶词》：“饮罢清风生两腋，余香齿颊犹存。”《春日即事》：“谷雨笋茶俱俊美，条风杞菊竞甘腴。”《都中留随州李判官》：“茶添橄榄味，酒借蛤蜊香。绝品宜春醉，新烹趁日长。”《监官借沈氏屋》：“煨炉火活蹲鸱熟，沸鼎茶香蚯蚓鸣。”《间步》：“山径无人鸟篆沙，杖藜间看摘新茶。锦级委地笋翻箨，黄玉满林松带花。”

北宋晁说之《赠雷僧》："留官莫去且徘徊，官有白茶十二雷[①]。便觉罗川风景好，为渠明日更重来。"《自乐》："碾茶势软春心静，捣药香多病意除。"《谢徐师川寄江茶四小瓶》："梦魂恨著后庭树，诗句清余双井茶。"《胡季和送江梅山茶来》："山茶有色笑江梅，无色江梅谢不才。莫言无色无才思，几许才从色上来。天际素娥能绰约，人间红袖恨徘徊。谁将玉质酡颜醉，绛雪朱丝解不开。"《蒙用诸人韵赋诗见贻复用韵谢之》："隐身思傍悬壶树，仙驭须求蒙顶茶。"《高二承宣以长句饷新茶辄次韵为谢》："刘子枕糟非枕酒，陆生论水不论茶……更恨老年难得睡，因君茗粥恨无涯……明时不见来求女，俭德唯闻罢贡茶。"《伸谢经略安抚待制送酒之什》："真茶窃所贪，薄酒亦云嗜。"

北宋圆悟克勤禅师（1063～1135）提出"茶禅一味"并手书《茶禅一味》墨宝。刘元甫禅师根据法演禅师讲授的大慈寺"无相禅茶之法"，写了一本《茶堂清规》，提出了"和、敬、清、寂"的茶道谛门，后来成为日本茶道的核心。当然在此之前，唐代怀海禅师（720～814）创立的"禅茶"文化精神是"正、清、和、雅"，"正"就是八正道，"清"就是清净心，"和"就是六和敬，"雅"就是脱俗。怀海禅师的《百丈清规》将茶融入禅宗礼法，可谓佛门茶事、茶礼的集大成者。僧侣以茶布

① 四明茶。

施敬佛，以茶祭奠圆寂高僧，以茶参禅悟道，以茶代餐、举行茶会、茶宴，以茶汤饯飨宾客等，已成为禅礼风尚。高僧从谂（778～897）崇茶、嗜茶成癖，创立著名“喫茶去”三字禅，悟得饮茶能悟道成佛，是“茶禅”的创始人。赵朴初的禅言——“七碗受至味，一壶得真趣，空持百千偈，不如喫茶去”。品茶能体会清远、冲和、幽静的意境，进而冥想、省悟，达到澄心静虑和超凡脱俗的境界。

北宋晁冲之《简江子求茶》：“政和密云不作团，小夸寸许苍龙蟠。金花绛囊如截玉，绿面彷佛松溪寒……北窗无风睡不解，齿颊苦涩思清凉。”《陆元钧寄日注茶》：“我昔不知风雅颂，草木独遗茶比风。陋哉徐铉说茶苦，鸹民淇园竹同种……老夫病渴手自煎，嗜好悠悠亦从众……枪旗却忆采撷初，雪花似是云溪动。”《送惠纯上人游闽》：“春沟水动茶花白，夏谷云生荔枝红。”

北宋孙觌《饮修仁茶》：“烟云吐长崖，风雨暗古县。竹舆赪两肩，弛担息微倦。茗饮初一尝，老父有芹献。幽姿绝媚妩，着齿得瞑眩。昏昏嗜睡翁，唤起风洒面。亦有不平心，尽从毛孔散。”《李茂嘉寄茶二首》：“蛮珍分到谪仙家，断壁残璋裹绛纱。拟把金钗候汤眼，不将白玉伴脂麻。”

宋徽宗赵佶《大观茶论》阐述“至若茶之为物，擅瓯闽之秀气，钟山川之灵禀，祛襟涤滞，致清导和，则非庸人孺子可得而知矣，中澹闲洁，韵高致静……缙绅之士，韦布之流，沐浴膏泽，熏陶德化，咸以雅尚相推，从事茗饮。故近岁以来，采择之精，制作之工，品第之胜，烹点之妙，莫不咸造其极……而天下之士，励志清白，竞为闲暇修索之玩，莫不碎玉锵金，啜英咀华。较筐笥之精，争鉴裁之别，虽下士于此时，不以蓄茶为羞，可谓盛世之情尚也……人得以尽其材，而草木之灵者，亦得以尽其用矣……水以清轻甘洁为美。轻甘乃水之自然，独为难得。夫茶以味为上，甘、香、重、滑，为味之全。茶有真香，非龙麝可拟……点茶之色，以纯白为上真，清白为次，灰白次之，黄白又次之。”

北宋曾几《谢人送壑源绝品云九重所赐也》：“谁分金掌露，来作玉溪凉。别甑炙炊饭，小炉深炷香。曲生何等物，不与汝同乡。”《次雪峰空老韵二首》（其一）：“独烹茶山茶，未对雪峰雪。须知千里间，只共一明月。”《吕郎治先以职事至常山县不敢越境以书致两郡》：“睡思茶料理，愁怀酒破除。”《盛夏东轩偶成五首》（其一）：“客至但茗椀，谈诗复谈禅。甘寒百尺井，旧日陆子泉。安得僧舍雪，霏微湿茶烟。”《食酥二首》（其一）：“泛酒煎茶俱惬当，满前腊雪化春风。”《尝建茗二首》（其一）：“茅宇已初夏，茶瓯方早春。真成汤沃雪，无复渴生尘。有客嘲三韭，其谁送八珍。”《张子公招饭灵感院》：“露华犹泫草光合，晨气欲动荷香浮……僧窗各自占山色，处处薰炉茶一瓯。”《松风亭四首》（其一）：“长卿壁四立，杜老茅三重。茶山穷次骨，憩寂以长松。直干以栋宇，清阴自帡幪。山泉落高处，审听是松风。”

北宋李清照《鹧鸪天·寒日萧萧上琐窗》：“酒阑更喜团茶苦，梦断偏宜瑞脑香。”《转调满庭芳·芳草池塘》：“当年曾胜赏，生香熏袖，活火分茶。”

北宋向子諲《浣溪沙·赵总怜以扇头来乞词，戏有此赠·赵能著棋、写字、分茶、弹琴》：“艳赵倾燕花里仙，乌丝阑写永和年。有时闲弄醒心弦。茗碗分云微醉后，纹楸斜倚髻鬟偏。风流模样总堪怜。”

北宋沈与求《戏酬尝草茶》：“要使睡魔能偃草，肯惭欢伯解迷花。一旗但觉烹殊品，双凤何须觅瑞芽。待摘家山供茗饮，与君盟约去骄奢。”

北宋陈与义《初识茶花》：“青裙玉面初相识，九月茶花满路开。”《玉楼春·青墩僧舍作》：“呼儿汲水添茶鼎。甘胜吴山山下井。一瓯清露一炉云，偏觉平生今日永。”《和大光道中绝句》：“寂寂孤村竹映沙，槟榔迎客当煎茶。”

北宋李若水《何德休设冰茶》：“明冰沃新茗，妙饮夸四筵。休论水第一，凛然香味全。凉飔生两腋，坐上径欲仙。尘襟快洗涤，诗情拍天渊。凭君杯勺许，置我昆阆前。搜搅玉雪肠，酝酿云锦篇。”《次韵张济川雪》：“气凌诗骨笺毫健，味借茶瓯齿颊香。”《次韵和友人竹石》：“厚德镇嚣浮，才高谢羁束。所赋虽不均，而皆堪比玉。此君非俗姿，终朝看不足。客至亦忘归，袅袅茶烟绿。”《绿漪轩遇雨与任才仲定韵赋》：“麈尾散银毫，茶面喷雪乳。”《次韵唐彦英留题学舍》：“篆壁蜗涎细，织檐蛛网圆。小轩幽梦破，竹露湿茶因。”

北宋熊蕃《宣和北苑贡茶录》录有《御苑采茶歌十首》：“红日新升气转和，翠篮相逐下层坡。茶官正要灵芽润，不管新来带露多。”“龙焙夕薰凝紫雾，凤池晓濯带苍烟。水芽只自宣和有，一洗枪旗二百年。”“共抽灵草报天恩，玉芽同护见心诚。时歌一曲青山里，便是春风陌上声。”“翠虬新范绛纱笼，看罗春生玉节风。叶气云蒸千嶂绿，欢声雷震万山红。”

北宋林锡翁《咏贡茶》：“百草逢春未敢花，御花葆蕾拾琼芽。武夷真是神仙境，已产灵芝又产茶。”

南宋朱翌《黄守不饮茶》：“涤烦疗渴名虽著，瘠气侵精暗有妨。梦寐无忧眠可熟，清虚自积体尤强。”

南宋胡仔《满江红·泛宅浮家》：“泛宅浮家，何处好、苕溪清境。占云山万叠，烟波千顷。茶灶笔床浑不用，雪蓑月笛偏相称。争不教、二纪赋归来，甘幽屏。红尘事，谁能省。青霞志，方高引。任家风舴艋，生涯笭箵。三尺鲈鱼真好脍，一瓢春酒宜闲饮。问此时、怀抱向谁论，惟箕颍。”《苕溪渔隐丛话》：“唐《义兴县垂修茶舍记》云‘义兴贡茶非旧也。前此故御史大夫李栖筠实典是邦，山僧有献佳茗者，会客尝之，野人陆羽以为芬香甘辣，冠于他境，可荐于上’。”“唐茶惟湖州紫笋入贡，每岁以清明日贡到，先荐宗庙，然后分赐近臣。紫笋生顾渚，在湖、常二境之间。当采茶时，两郡守毕至，最为盛集。”

南宋林洪《山家清供·茶供》：“茶，即药也。煎服，则去滞而化食。”

南宋陈仲谔《送新茶李圣喻郎中》：“头纲别样建溪春，小璧苍龙浪得名。细泻欲帘珠颗露，打成寒食杏花饧。鹧斑碗面云萦字，兔褐瓯心雪作泓。不待清风生两腋，清风先向舌端生。”

金人马钰《瑞鹧鸪·咏茶》：“卢仝七碗已升天，拨雪黄芽傲睡仙。虽是旗枪为绝品，亦凭水火结良缘。兔毫盏热铺金蕊，蟹眼汤煎泻玉泉。昨日一杯醒宿酒，至今神爽不能眠。”《踏云行·茶》：“绝品堪称，奇名甚当。消磨睡思功无量。宰予若得一杯尝，永无昼寝神清爽。”《万年春·冬至阳生》：“冬至阳生，迎春拨雪黄芽好。人惊早，香如芝草，玉碾胜磨捣。神水烹煎，自是除阴耗。金童报，绝品珍宝，啜罢游蓬岛。”《西江月·尽说仙家饮酒》：“尽说仙家饮酒，仙家不饮糟浆。自然玉液味偏长，浇溉黄芽荣旺。月下风前清爽，荐杯玉蕊馨香。”《西江月》：“江畔溪边雪里，阴阳造化稀奇。黄芽瑞草出幽微，别是一般香美。用玉轻轻研细，烹煎神水相宜。山侗啜罢赴瑶池，不让卢仝知味。”

南宋陆游《述闲》：“香暖翻心字，茶凝出草书。”《午坐》：

“茶杯凝细孔，香岫起微云。”《登北榭》：“香浮鼻观煎茶熟，喜动眉间炼句成。”《初寒在告有感》：“银毫地绿茶膏嫩，玉斗丝红墨渖[①]宽。”《野兴》：“红饭青蔬美莫加，邻翁能共一瓯茶。”《临安春雨初霁》：“小楼一夜听春雨，深巷明朝卖杏花。矮纸斜行闲作草，晴窗细乳戏分茶。”《沁园春·孤鹤归飞》：“幸眼明身健，茶甘饭软，非惟我老，更有人贫。”《八十三吟》：“自爱安闲忘寂寞，天将强健报清贫。枯桐已爨宁求识？弊帚当捐却自珍。桑苎家风君勿笑，它年犹得作茶神。”《雨中作二首》：“茅屋松明照，茶铛雪水煎。山家自成趣，抚枕寄悠然。”“淅淅连江雨，愔愔一室幽。茶甘留齿颊，香润上衣裘。”《拥炉》：“皂鼎煎茶非俗物，雁灯开卷惬幽情。兴来自喜犹强健，一纸清诗取次成。”《春晚杂兴》：“儿童葺茶舍，妇女赛蚕官……穷途得一饱，亦足慰艰难。”《过武连县北柳池安国院煮泉试日铸顾渚茶，院有二泉皆甘寒》：“我是江南桑苎家，汲泉闲品故园茶。只应碧缶苍鹰爪，可压红囊白雪芽。”《昼寝梦一客相过若有旧者夷粹可爱既觉作绝句》：“石鼎烹茶火煨栗，主人坦率客情真。”《病小减复作》：“晨粥半茶碗，秋衣一布裘。”《初春书怀》：“囊盛古墨靴纹皱，箬护新茶带胯方……清泉冷浸疏梅蕊，共领人间第一香。”《题斋壁二首》：“甘寝每憎茶作祟，清狂直以酒为仙。”“平生

---

① 汁。

所慕孤山老，剩欲怀茶奠旧祠。”《初归杂咏》：“下岩石润挥毫后，正焙茶香落磑时。”《命驾》：“岸帻影边茶正熟，投壶声里日初长。兴阑却蹋湖堤去，十里山花满袖香。”《昼睡》：“清泉浴罢西窗静，更觉茶瓯气味长。”《久雨》：“弄笔排孤闷，煎茶洗睡昏。”《秋日郊居》：“已炊藟散[①]真珠米，更点丁坑白雪茶。”《初春感事》：“活火静看茶鼎熟，清泉自注研池宽。人生乐处君知否？万事当从心所安。”《初到荣州》：“杯羹最珍慈竹笋，缾水自养山姜花。地炉堆兽炽石炭，瓦鼎号蚓煎秋茶。”《嬾趣》：“舌根茶味永，鼻观酒香清。”《道室夜意》：“寒泉漱酒醒，午夜诵仙经，茶鼎声号蚓，香盘火度萤。”《试茶》：“北窗高卧鼾如雷，谁遣香茶挽梦回？绿地毫瓯雪花乳，不妨也道入闽来。”“苍爪初惊鹰脱韝，得汤已见玉花浮。睡魔何止避三舍，欢伯直知输一筹。日铸焙香怀旧隐，谷帘试水忆西游。银缾铜碾俱官样，恨欠纤纤为捧瓯。”《秋日遣怀》：“晨几手作墨，午窗身磑茶：岂惟要小劳，亦以御百邪。”《云门过何山》：“思酒过野店，念茶叩僧扉……心广体自舒，泰然不肉肥。”《寓叹》：“嫩汤茶乳白，软火地炉红。”《赠应秀才》：“我得茶山一转语，文章切忌参死句。”《山行过僧庵不入》：“茶炉烟起知高兴，棋子声疏识苦心。淡日晖晖孤市散，残云漠漠半川阴。”《初夏燕堂睡起》：“洗

① 稻米名。

春雨过清阴合，掠水风生绿蒲凉。晨几砚凹涵墨色，午窗杯面聚茶香。”《闲中》：“活眼砚凹宜墨色，长毫瓯小聚茶香。”《晚晴至索笑亭》：“登览江山美，经行草树荒。堂空响棋子，盏小聚茶香。”《新辟小园》：“眼明身健残年足，饭软茶甘万事忘……山园寂寂春将晚，酷爱幽花似蜜香。”《蔬圃》：“卧枝开野菊，残枿出秋茶。病骨知天色，羁怀感物华。”《小憩卧龙山亭》：“山高风浩浩，堂豁海冥冥……松寒诗思健，茶爽醉魂醒。”《种菜》：“菜把青青间药苗，豉香盐白自烹调。须臾彻案呼茶碗，盘箸何曾觉寂寥？”《耒阳令曾君寄禾谱农器谱二书求诗》：“欧阳公谱西都花，蔡公亦记北苑茶……神农之学未可废，坐使末俗惭浮华。”《送子遹》：“睡少不关茶作祟，愁多却赖酒时浇。”《过林黄中食柑子有感学宛陵先生体》：“药分腊剂香，茶泛春芽白。”《戏述渊鸿渐遗事》：“品茶未及毁茶妙，饮酒何如止酒高？”《晚兴》：“客散茶甘留舌本，睡余书味在胸中。”《初夏杂兴》：“扇题杜牧故园赋，屏对王维初雪图。把钓溪头蹋湍濑，煎茶林下置风炉。”《秋思》：“寒涧挹泉供试墨，堕巢篝火唤煎茶。”《肩舆历湖桑堰东西过陈湾至陈让堰小市抵暮乃》：“芋羹豆饭家家乐，桑眼榆条物物春。野店茶香迎倦客，市街犬熟傍行人。”《慈云院东阁小憩》：“香浓烟穗直，茶嫩乳花圆。岩倚团团桂，筒分细细泉。”《幽居即事》：“小磑落雪花，修绠汲牛乳。

幽人作茶供，爽气生眉宇。”《兰亭道上》：“兰亭酒美逢人醉，花坞茶新满市香。”《赠曾温伯邢德允》：“发似秋芜不受耘，茶山曾许与斯文。回思岁月一甲子，尚记门墙三沐熏。卷里圣贤能觌面，人间富贵实浮云。”《戏作野兴》：“省事贫犹富，宽怀客胜家。充虚一箪饭，遣睡半瓯茶。有兴闲垂钓，逢欢醉插花。”《近村暮归》：“僧阁鬻茶同淡话，渔舟投钓卜清欢。”《建安雪》：“建溪官茶天下绝，香味欲全须小雪。雪飞一片茶不忧，何况蔽空如舞鸥。”《钓台见送客罢还舟熟睡至觉度寺》：“诗情森欲动，茶鼎煎正熟。”《雪后煎茶》：“雪液清甘涨井泉，自携茶灶就烹煎。一毫无复关心事，不枉人间住百年。”《闲游》：“清明浆美村村卖，谷雨茶香院院夸。”《泛湖》：“笔床茶灶钓鱼竿，潋潋平湖淡淡山。”《饭罢忽邻父来过戏作》：“旋炊香稻鬻新菰，饭饱逍遥乐有余。茶味森森留齿颊，香烟郁郁著图书。”《幽事》：“快日明窗闲试墨，寒泉古鼎自煎茶。”《残春无几述意》：“试笔书盈纸，烹茶睡解围。”《读苏叔党汝州北山杂诗次其韵》：“山茶试芳嫩，野果荐甘冷。”《数日不出门偶赋》：“老僧遣信分茶串，隐士敲门致酒甀[1]。看鹤松阴赏高洁，疏泉石罅[2]得清甘。”《春日》：“山寺馈茶知谷雨，人家插柳记清明。”《山居》：“茶磑细香供隐几，松风幽韵

① 酒坛子。

② 裂缝。

人哦诗。”《喜得建茶》：“雪霏庾岭红丝硙，乳泛闽溪绿地材。舌本常留甘尽日，鼻端无复鼾如雷。”《二毁》：“茶杯得之久，石砚日在前，一朝忽坠地，质毁不复全。附著以胶漆，入用更可怜。杯犹奉饮啜，砚不废磨研。向使遂破碎，亦当归之天。动心则不可，此物何足捐。”《酬妙湛阇梨见赠妙湛能棋其师璘公盖尝与先君》：“山店煎茶留小语，寺桥看雨待幽期。可人不但诗超绝，玉子纹枰又一奇。”《雨晴》：“茶映盏毫新乳上，琴横荐石细泉鸣。”《独坐》：“茶鼎松风吹谡谡[①]，香奁云缕散馡馡。”《书况》：“贫知蔬食美，闲觉布衣尊。琴谱从僧借，茶经与客论。”《青溪道中行古松间因少留瀹茶而行》：“露湿青松细细香，旋呼拄杖踏斜阳……拾樵汲涧俱清绝，聊为煎茶一据床。”《吴歌》：“困睫凭茶醒，衰颜赖酒酡[②]。”《题庵壁》：“酒惟排闷难中圣，茶却名家可作经。”《洞庭春色·壮岁文章》：“且钓竿渔艇，笔床茶灶，闲听荷雨，一洗衣尘。”《夏日感旧》：“吴人那惯粟浆酸，茶碗聊沾舌本乾。”《寒雨中夜坐》：“炉爇[③]松肪如蜡爨，鼎煎茶浪起滩声。”《村舍杂书》：“东山石上茶，鹰爪初脱韝[④]，雪落红丝磑，香动银毫瓯。爽如闻至言，余味终日留。”《或以予辞酒为过复作长句》：“醉

---

① 挺拔的样子。

② 酒后脸色发红。

③ 焚烧。

④ 袖套，本句指芽叶初展。

时狂呼不复觉，醒后追思空自责……解衣摩腹午窗明，茶磑无声看霏雪。”《即事》：“安贫炊麦饭，省事嚼茶芽。”《书喜》：“眼明身健何妨老，饭白茶甘不觉贫。”《羸卧》：“茶因春困论交密，酒为家贫作态多。”《晨雨》：“凉生池阁衣巾爽，润入园林草木鲜。青蒻[①]云腴开斗茗，翠罂[②]玉液取寒泉。”《幽居岁暮》：“燃薪代秉烛，煮茗当传杯。但恨朋侪少，那知日月催。”《戏咏山家食品》：“牛乳抨酥瀹茗芽，蜂房分蜜渍棕花。”《初夏闲居》：“啜茗清风两腋生，西斋雅具惬幽情。”《过湖上僧庵》：“奇香炷罢云生岫，瑞茗分成乳泛杯。”《闲居书事》：“玩易焚香消永日，听琴煮茗送残春。隐居正欲求吾志，大患元因有此身。”《冬夜读书甚乐偶作短歌》：“兔瓯供茗粥，睡思一洗空。”《初夏昼眠》：“强健关天命，逍遥近地仙。晚窗思茗饮，自取雪芽煎。”《遣兴》：“汤嫩雪涛翻茗碗，火温香缕上衣篝。床头亦有闲书卷，信手拈来倦即休。”《午睡起消摇园中因登山麓薄暮乃归》：“窗明竹影乱，林暖鸟声乐。灰深香欲上，火活汤正作，毫瓯羞茗荈，铜洗供盥濯。”《新泉绝句二首》（其一）：“斟泉可瀹茗，就泉可洗药。”《秋怀》：“活火闲煎茗，残枰静拾棋。”《乌夜啼·八之七》：“从宦元知漫浪，还家更觉清真。兰亭道上多修竹，随处岸纶巾。

① 嫩的香蒲。

② 同“罌”。

泉冽偏宜雪茗，粳香雅称丝莼。”《伏中官舍极凉戏作》：“客爱炊菰美，僧夸瀹茗香。”《春夏之交风日清美欣然有赋》：“日铸珍芽开小缶，银波煮酒湛华觞。槐阴渐长帘栊暗，梅子初尝齿颊香。”《北岩采新茶用忘怀录中法煎饮欣然忘病之未去》：“槐火初钻燧，松风自候汤。携篮苔径远，落爪雪芽长。细啜襟灵爽，微吟齿颊香。归时更清绝，竹影踏斜阳。”陆游一生嗜茶，写茶诗词四百余首，为历代著茶诗者之最，在此所录乃经过一次粗选、二次删减、三次精选而得，恕不能一一列举。

南宋范成大《九盘坡布水》：“莫惜萦回上九盘，洗心双瀑雪花寒。野翁酌水煎茶献，自古人来到此难。”《朝中措·身闲身健是生涯》：“身闲身健是生涯。何况好年华。看了十分秋月，重阳更插黄花。消磨景物，瓦盆社酿，石鼎山茶。饱吃红莲香饭，侬家便是仙家。”《刺濆淖》：“突如汤鼎沸，翕作茶磨旋……漂漂浮沫起，疑有潜鲸噀。勃勃骇浪腾，复恐蛰鳌抃。”《晚春田园杂兴》：“鸡飞过篱犬吠窦，知有行商来买茶。”《食罢书字》：“荔枝梅子绿，豆蔻杏花红。扪腹蛮茶快，扶头老酒中。”《王园官舍睡起》：“客来束我带，客去书满床。睡觉有忙事，煮茶翻续香。”《探木犀》：“秋半秋香花信迟，攀枝擘叶看织微。昨朝尚作茶枪瘦，今雨催成粟粒肥。”《夔州竹枝歌九首》（其一）：“背上儿眠上山去，采桑已闲当采茶。”《阊门初泛二十四韵》：“酯香新麴嫩，茗味小春轻。”

《华山寺》："蒙泉新洁监泉明，瀹茗羹藜甘似乳。"《扇子峡》："挈瓶檥棹斞清甘，未暇煮茗和姜盐。"《藻侄比课五言诗，已有意趣，老怀甚喜，因吟》："乳泉供水处，金液养丹芽。加酿厚如酪，旋春香胜花。"《巫山县》："梅肥朝雨细，茶老暮烟寒。"

南宋周必大《尚长道见和次韵二首》："诗成蜀锦粲云霞，宫样宜尝七宝茶。压倒柳州甘露饮，洗空梅老白膏芽。睡魔岂是惊军将，茗战都缘避作家。怪底清风失炎暑，朝来吉甫诵柔嘉。""钟山处士映高霞，止酒惟亲睡起茶。远向溪边寻活水，闲于竹里试阳芽。"《胡邦衡生日以诗送北苑八銙日注二瓶》："贺客称觞满冠霞，悬知酒渴正思茶。尚书八饼分闽焙，主簿双瓶拣越芽。"《游庐山舟中赋四韵》："淡薄村村酒，甘香院院茶。"《季怀设醴且示佳篇再赋一章以酬五咏》："卯饮高楼彻暮霞，绝胜茅屋己公茶。篛包句好逢真赏，荷叶瓯深称嫩芽。诗老坐中容我辈，朝贤乞处藉君家。从来佳茗如佳什，屡酌新烹味转嘉。"《次韵陈叔晋舍人殿试笔记》："天香漫炷熏常歇，贡茗虚沾样顿殊。"《再用邦衡韵赞其闲居之乐且致思归之意》："午茗亲烹留上客，夜棋酣战调佳人。道腴有味诗弥胜，何止冰凝与蜜淳。"

南宋杨万里《澹庵坐上观显上人分茶》："分茶何似煎茶好，煎茶不似分茶巧。蒸水老禅弄泉手，隆兴元春新玉爪。二者相遭兔瓯面，怪怪奇奇真善幻。纷如擘絮行太空，影落寒江能万变。银瓶首下仍尻高，注汤作字势嫖姚。不须更师屋漏法，只问此瓶当响答。紫微仙人乌角巾，唤我起看清风生。京尘满袖思一洗，病眼生花得再明。叹鼎难调要公理，策动茗碗非公事。不如回施与寒儒，归续茶经傅衲子。”《晚兴》：“双井茶芽醒骨甜，蓬莱香烬倦人添。”《寒夜不昧》：“雪入迎春鬓，茶醒学古胸。”《新安江水自绩溪发源》：“皱底玻璃还解动，莹然酃渌却消醒。泉从山骨无泥气，玉漱花汀作佩声。”《三月三日雨作遣闷十绝句》：“犀日何缘似个长，睡乡未苦怯茶枪。春风解恼诗人鼻，非叶非花只是香。”《初三日游翟园》：“茂松轩里清更清，槛飕一鼎煎茶声……霜余橘颗金弹香，雪底莽芽玉版色。”《谢木韫之舍人分送讲筵赐茶》：“淳熙锡贡新水芽，天珍误落黄茅地。故人弯渚紫微郎，金华讲彻花草香……御前啜罢三危露，满袖香烟怀璧去……北苑龙芽内样新，铜围银范铸琼尘……老夫平生爱煮茗，十年烧穿折脚鼎。下山汲井得甘冷，上山摘芽得苦硬……锻圭椎璧调冰水，烹龙庖凤搜肝髓……故人气味茶样清，故人风骨茶样明。”《谢福建提举应仲实送新茶》：“解赠万钉苍玉胯，分尝一点建溪春。三杯大道醺然后，七碗清风爽入神。”《将睡四首》（其一）：“已被诗为祟，更添茶作魔。”《寄题萧邦怀少芳园》：“群莺乱飞春昼长，极目千里春草香。幽人自煮蟹眼汤，茶瓯影里见山光。”《以六一泉煮双井茶》：“鹰爪新茶蟹眼汤，松风鸣雪免毫霜。细参六一泉中味，故有涪翁句子香。”《酌惠山泉瀹茶》“锡作诸峰玉一涓，麹生堪酿茗堪煎。”《尝枸杞》：“芥花菘菌饯春忙，夜吠仙苗喜晚尝。味抱土膏甘复脆，气含风露咽犹香。作齐淡著微施酪，芼茗临时莫过汤。却忆荆淡古城上，翠条红乳摘盈箱。”《梦作碾试馆中所送建茶绝句》：“天上蓬山新水芽，群仙远寄野人家。坐看宝带黄金銙，吹作春风白雪花。”《清明杲饮二首》（其一）：“绝爱杞萌如紫蕨，为烹茗碗洗诗肠。”《得小儿寿俊家书》：“径须父子早归田，粗茶淡饭终残年。”《城头秋望二首》（其一）：“秋光好处顿胡床，旋唤茶瓯浅著汤。”《题陆子泉上祠堂》：“先生吃茶不吃肉，先生饮泉不饮酒……惠泉遂名陆子泉，泉与陆子名俱传。一辨佛香炷遗像，几多衲子拜茶仙。”《过扬子江二首》（其一）：“携瓶自汲江心水，要试煎茶第一功。”

南宋朱熹《咏茶》：“茗饮瀹甘寒，抖擞神气增。顿觉尘虑空，豁然悦心目。”《武夷精舍杂咏·茶灶》：“仙翁遗石灶，宛在水中央。饮罢方舟去，茶烟袅细香。”《云谷二十六咏·茶阪》：“携籝[1]北岭西，采撷供茗饮。一啜夜窗寒，跏趺谢衾枕。”《积芳圃》：“行看靓艳须携酒，坐对清阴只煮茶。晓起苍凉承坠露，晚来光景乱蒸霞。”《康王谷水帘》：“采薪爨绝品，瀹茗浇穷愁。”《次刘秀野闲居十五咏·春谷》：“地僻芳菲镇长

① 竹笼。

在，谷寒蜂蝶未全来。红裳似欲留人醉，锦幛何妨为客开。咀罢醒心何处所，近山重迭翠成堆。”

南宋赵汝砺《北苑别录》记载“开焙、采茶、拣茶、蒸茶、洗茶、榨茶、搓揉、再榨茶再搓揉反复数次、研茶、压模[①]、焙茶[②]、过沸汤、再焙茶过沸汤反复数次、烟焙、过汤出色、晒干”等详细工艺，其蒸茶工艺曰：“茶芽再四洗涤，取令洁净。然后入甑，候（一作“俟”）汤沸蒸之。然蒸有过熟之患，有不熟之患。过熟则色黄而味淡，不熟则色青易沉，而有草木之气。唯在得中为当也。”

南宋曹冠《使牛子·晚天雨霁横雌霓》：“纹簟坐苔茵，乘兴高歌饮琼液。翠瓜冷浸冰壶碧。茶罢风生两腋。”《朝中措·茶》：“春芽北苑小方珪，碾畔玉尘飞。金箸春葱击拂，花瓷雪乳珍奇。主人情重，留连佳客，不醉无归。邀住清风两腋，重斟上马金卮。”

南宋张栻《夜得岳后庵僧家园新茶甚不多辄分数碗奉伯承》：“小园茶树数十许，走寄萌芽初得尝。虽无山顶烟岚润，亦有灵泉一派香。”《过高台寺》：“着屋悬崖畔，开窗叠嶂秋。半欹云榭冷，不断石泉流。茗碗味能永，竹风声更幽。”《题榕溪阁》：“树影散香篆，水光泛茶瓯。”《腊月二十二日渡湘登道乡台夜

① 造茶。

② 称过黄。

归得五绝》："人来人去空千古，花落花开任四时。白鹤泉头茶味永，山僧元自大曾知。"

南宋白玉蟾[①]《茶歌》："釡源春到不知时，霹雳一声惊晓枝。枝头未敢展枪旗，吐玉缀金先献奇。雀舌含春不解语，只有晓露晨烟知。带露和烟摘归去，蒸来细捣几千杵。捏作月团三百片，火候调匀文与武。碾边飞絮捲玉尘，磨下落珠散金缕。首山黄铜铸小铛，活火新泉自烹煮。蟹眼已没鱼眼浮，垚垚松声送风雨。定州红玉琢花甆，瑞雪满瓯浮白乳。绿云入口生香风，满口兰芷香无穷。两腋飕飕毛窍通，洗尽枯肠万事空……素虚见雨如丹砂，点作满盏菖蒲花……天炉地鼎依时节，炼作黄芽烹白雪。味如甘露胜醍醐，服之顿觉沉疴苏。身轻便欲登天衢，不知天上有茶无。"《九曲櫂歌十首》（其一）："仙掌峰前仙子家，客来活火煮新茶。主人摇指青烟里，瀑布悬崖剪雪花。"《张道士鹿堂》："新茶寻淮舌，独芋煮鸱头。"《冥鸿阁即事四首》（其一）："腊雪飞如真脑子，水仙开似小莲花。睡云正美俄惊起，且唤诗僧与斗茶。"《风台遣心三首》（其一）："青尽池边柳，红开槛外花。数时长病酒，今日且分茶。"《盱江舟中联句》："清飚茶腋爽，韶景醉颜酡。"《春日道中》："洞口鸟呼鸟，山头花戴花。风篁苍韵玉，烟树晚笼纱。怀白一樽酒，邀卢七碗茶。"《呈懒翁六首》（其一）："酒恶频将花嗅，睡酣便把茶浇。"《卧云》："满

① 葛长庚。

室天香仙子家，一琴一剑一杯茶。羽衣常带烟霞色，不染人间桃李花。”《咏雪于清虚堂火阁》：“洗铛簇火煎雪茶，垂帘叠足说清话。”《赠危法师》：“曾见先生在九华，朝餐玉乳着琼花……一笑相逢松竹里，炷香新话啜杯茶。”《泊头圆照堂》：“此心如水月，结屋老烟霞。翠长真如竹，黄开般若花。寄言刘铁磨，自识赵州茶。”《晓醒追思夜来句四首》（其一）：“孤云野鹤寄山家，不料寒空璨六花。越样月明浑不夜，个般天气好分茶。”《春日道中》：“晓日晴弄柳，夜雷暗惊茶。”《泊舟听雨》：“雨来闹秋江，全似茶铛沸。”《谢叶文思惠茶酒》：“先将茶醾薰酒，却采枸杞烹茶。子谓人非土木，贤知吾岂匏瓜。”《送郭进之》：“避暑白云乡，茶甘齿颊香。海城悲暮角，烟树淡斜阳。”《酹江月 · 雪春日》：“遣兴成诗，烹茶解酒，日落蔷薇坞。”《永遇乐 · 懒散家风》：“淡酒三杯，浓茶一碗，静处乾坤大。倚藤临水，步屧登山，白日只随缘过……绿水青山，清风明月，自有人间仙岛。”《水调歌头 · 咏茶》：“二月一番雨，昨夜一声雷。枪旗争展，建溪春色占先魁。采取枝头雀舌，带露和烟捣碎，炼作紫金堆。碾破香无限，飞起绿尘埃。汲新泉，烹活火，试将来。放下兔毫瓯子，滋味舌头回。唤醒青州从事，战退睡魔百万，梦不到阳台。两腋清风起，我欲上蓬莱。”《景德观枕流》：“寒泉泻破青山腹，青山不改寒泉绿。幽人一心泉石心，倚溪著此数椽屋……香浮茗雪滋肺腑，响入松涛震崖谷。”《一览亭》：

“竹炉焚罢柏子香，甆杯倾泻碧玉液。饮到如泥卧石鼓，醒来瀹茗自闲适。”《凝翠》：“香毬飞紫烟，茗花涌白雪。坐对松竹林，已换尘俗骨。前山多翠色，凝然暮欲滴。凭栏拍掌呼，天外鹤来一。”《题瓮斋》：“香穗横窗盘瘦影，茗花浮枕斗清芬。”《题清虚堂》：“月移花影来窗外，风引松声到枕边。长剑舞余烹茗试，新诗吟就抱琴眠。”

南宋袁说友《斗茶》：“截玉夸私斗，烹泉测嫩汤。稍堪肤寸舌，一洗苋藜肠。千枕消魔障，春芽敌剑芒。年年较新品，身老玉瓯尝。”《沈无隐国正惠殿庐所赐香茶》：“茶辍闽山贡，香分御府珍。”《和赵周锡咏魏南伯家葱茶韵》：“武夷十月尝先春，风生两腋撩诗人。玉尘一缕轻且纯，不与凡味争比邻。铛中碧玉涛涌银，七碗不厌烹啜频。书窗假寐熟欠伸，重煎倍觉滋味匀。吾乡此茗孰与伦，谁家却说江茶珍。剥葱细切夸珠蠙，泛瓯更骋如铺璘……我虽曾沃齿下龈，不敢溢美忘乡津。”《惠相之惠顾渚芽答以建茗》：“山高空锁翠，涧阔自流花。辍我闽山焙，酬君顾渚芽。”《和程泰之阁学咏雪十二题·煮雪》：“春芽初趁六花光，嫩火新烹唤客尝。政藉琼浆浮点乳，浪云胜雪诧余香。”《尝顾渚新茶》：“碧玉团枝种，青山撷草人。先春迎晓至，未雨得芽新。云叠枪旗细，风生齿颊频。何人修故事，香味彻枫宸。”

南宋辛弃疾《定风波·暮春漫兴》：“老去逢春如病酒，唯有，茶瓯香篆小帘栊。”《题鹤鸣亭》：“疏帘竹簟山茶碗，此是幽人安乐窝。”《满江红·和范先之雪》：“待羔儿、酒罢又烹茶，扬州鹤。”《六么令·用陆氏事，送玉山令陆德隆侍亲东归吴中》：“送君归后，细写茶经煮香雪。”《好事近·春日郊游》：“山僧欲看醉魂醒，茗碗泛香白。”

南宋郑清之《茶》：“书如香色倦犹爱，茶似苦言终有情。慎勿教渠纨绔识，珠槽碎釜浪相轻。”茶联：“一杯春露暂留客；两腋清风几欲仙。”

南宋杜耒《寒夜》：“寒夜客来茶当酒，竹炉汤沸火初红。寻常一样窗前月，才有梅花便不同。”

南宋陈宓《南园杂咏·清风亭》：“薰炉驱俗氛，茗碗破尘虑。”《游武夷》：“武夷山上生春茶，武夷溪水清见沙。含溪嚼茶坐盘石，怅惘欲趁西飞霞。”

南宋刘学箕《白山茶》：“白茶诚异品，天赋玉玲珑。”《请游山之日于黎广文二首寺有万竹》：“苦茗供朝盌，伊蒲馔晚餐。”《醉歌》：“白茶照人冰雪同，红茶烧空猩血红……古士放达醒者稀，今人不饮徒自苦。”

南宋华岳《拜茶》：“杵鸣千臼雪，钥卷一旗风。盝锦鹦毛翠，签罗象眼红。封成拜玄鹤，飞上紫微宫。”《赠楞枷老瑛上人》：“拂床展卷呈诗稿，炙盏分茶当酒杯。”《呈楚南僧》：“香同世事炎还冷，茶类人情苦始甘。”

南宋罗大经《鹤林玉露·茶声》："松风桧雨到来初，急引铜瓶离竹炉。待得声闻俱寂后，一瓯春雪胜醍醐。"

南宋方岳《次韵方蒙仲高人亭》："茗碗漱藜苋，诗肠许坚顽。"《次韵赵尉》："昨过骑驴尉，香深茗一杯。杏寒春且住，芹老燕初来。"《次韵胡兄》："惯贫已识山林趣，投老归从造物游。自笑骨寒癯似鹤，忍饥犹未怯茶瓯。"《与胡子安眺云林》："溪甘茶自香，雪尽梅更爽。"《春日杂兴》："身閒不耐閒双手，洗甑炊香夜作茶。"《又和晦翁棹歌》："烧药炉存草亦灵，煮茶灶冷水犹清。"《性老致庐山茶》："自参茶壑风烟美，略识庐山面目真。"《煮茶》："不知茶鼎沸，但觉雨声寒。山好僧吟久，云深鹤睡宽。"《入局》："茶话略无尘土杂，荷香剩有水风兼。"《西江月·蔬甲初肥雨润》："蔬甲初肥雨润，茶枪小摘春明。野篱是处可诗情。"

南宋释永颐《食新茶》："拜先俄食新，香凝云乳动。心开神宇泰，境豁谢幽梦。至味延冥遐，灵爽脱尘控。静语生云雷，逸想超鸾凤。饱此岩壑真，清风愿遐送。"《次韵伯弓值雨见留》："涧谷饶春十，烹茶近石池。"《过青芝村观晦梅》："梅花树下春风静，苔荒荠老围春井。山翁汲泉点茶水，触残花下玲珑影。"

南宋陈杰《男竹枝歌》："东园一株千叶茶，阿翁手栽红锦花。今年团栾且同看，明年大哥天一涯。"《女竹枝歌》："南园一株雨前茶，阿婆手种黄玉芽。今年团栾且同摘，明年大姊阿谁家。”

南宋吴自牧《梦粱录·鲞铺》记载：“盖人家每日不可阙者，柴米油盐酱醋茶。”

南宋刘秉忠《尝云芝茶》：“铁色皴皮带老霜，含英咀美入诗肠。舌根未得天真味，鼻观先通圣妙香。海上精华难品第，江南草木属寻常。待将肤腠浸微汗，毛骨生风六月凉。”

南宋文天祥《游青源二首》（其一）：“活火参禅笋，真泉透佛茶。晚钟何处雨，春水满城花。”《太白楼》：“扬子江心第一泉，南金来此铸文渊。男儿斩却楼兰首，闲品茶经拜羽仙。”《晚渡》：“云静龙归海，风清马渡江。汲滩供茗碗，编竹当蓬窗。”

金人元好问《茗饮》：“一瓯春露香能永，万里清风意已便。”

元代耶律楚材《西域从王君玉乞茶因其韵七首》：“积年不啜建溪茶，心窍黄尘塞五车。碧玉瓯中思雪浪，黄金碾畔忆雷芽。卢仝七椀诗难得，谂老三瓯梦亦赊。敢乞君侯分数饼，暂教清兴绕烟霞。”“雪花滟滟浮金蕊，玉屑纷纷碎白芽。”“顿令衰叟诗魂爽，便觉红尘客梦赊。”“汤响松风三昧手，雪香雷震一枪芽。”“啜罢江南一椀茶，枯肠历历走雷车。黄金小碾飞琼雪，碧玉深瓯点雪芽。笔阵阵兵诗思勇，睡魔卷甲梦魂赊。精神爽逸无余勇，卧看残阳补断霞。”《从国才索闲闲煎茶赋》：“闻君久得煎茶赋，故我先吟投李诗。为报君侯休吝惜，照人琼玖算多时。”

元代卢挚《［双调］沉醉东风·秋景挂绝壁闲居》：“旋凿开菡萏池，高竖起荼蘼架，闷来时石鼎烹茶。无是无非快活煞，锁住了心猿意马。”

元代王旭《枸杞茶》：“为爱仙岩夜吠灵，故将服食助长生。和霜捣作丹砂屑，入水煎成沆瀣羹。颊舌留甘无俗味，旗枪通谱亦虚名。癯儒要炼飞升骨，莫厌秋风古废城。”

元代袁桷《煮茶图》：“晓趍[①]黄阁袖香尘，俯首脂韦希隽美……平生嗜茗茗有癖，古井汲泉和石髓。风回翠碾落晴花，汤响云铛衮珠蕊。齿寒意冷复三咽，万事无言归坎止。何人丹青悟天巧，落笔毫芒研妙理。”

元代张可久《人月圆·山中书事》：“数间茅舍，藏书万卷，投老村家。山中何事？松花酿酒，春水煎茶。”《百字令·惠山酌泉》：“百斛冰泉，醒醉眼、庭下寒光潋滟。云湿阑干，树香楼阁，莺语青山崦……瓯面碧圆珠蓓蕾，强似花浓酒酽。清入心脾，名高秘水，细把茶经点。留题石上，风流何处鸿渐。”《［双调］清江引·张子坚席上》：“诗床竹雨凉，茶鼎松风细，游仙梦成莺唤起。”

元代王祯《农书》“采之宜早，率以清明、谷雨前者为佳，过此不及。然茶之美者，质良而植茂，新芽一发，便长寸余，其

① 古同“趋”。

细如针，斯为上品。如雀舌、麦颗，特次材耳。采讫，以甑微蒸，生熟得所。蒸已，用筐箔薄摊，乘湿略揉之。焙匀布火烘令干，勿使焦。编竹为焙，裹箬覆之，以收火气。茶性畏湿，故宜箬，宜置顿高处，令常近火为佳。”

元代虞集《游龙井》：“徘徊龙井上，云气起晴昼……澄公爱客至，取水挹幽窦。坐我薝蔔中，余香不闻嗅。但见瓢中清，翠影落碧岫。烹煎黄金芽，不取谷雨后。同来二三子，三咽不忍漱。浪浪杂飞雨，沉沉度清漏。”

元代萨都剌《送鹤林长老》：“胡桃一裹茶三角，胡桃壳坚乳肉肥，香茶雀舌细叶奇。枯肠无物不可用，寄与说法谈禅师。竹龙吐雪涧水活，茅屋烟吹树云薄。竹院深沈有客过，碎桃点茶亦不恶。”

元代胡助《茶屋》：“武夷新采绿茸茸，满院春香日正融。浮乳自烹幽谷水，轻烟时扬落花风。”

元代孙淑《对茶》：“小阁烹香茗，疏帘下玉沟。灯光翻出鼎，钗影倒沉瓯。婢捧消春困，亲尝散暮愁。”

元代陈志岁《客来》诗云：“客来正月九，庭迸鹅黄柳。对坐细论文，烹茶香胜酒。”

元代李德载《[中吕]阳春曲·赠茶肆》：“茶烟一缕轻轻飏，搅动兰膏四座香，烹煎妙手赛维扬[1]。非是谎，下马试来尝。”“金

① 指扬州。

芽嫩采枝头露，雪乳香浮塞上酥，我家奇品世间无。君听取，声价彻皇都。”“兔毫盏内新尝罢，留得余香在齿牙，一瓶雪水最清佳。风韵煞，到底属陶家。”“龙须喷雪浮瓯面，凤髓和云泛盏弦，劝君休惜杖头钱。学玉川，平地便升仙。”“一瓯佳味侵诗梦，七碗清香胜碧筒，竹炉汤沸火初红。两腋风，人在广寒宫。”“黄金碾畔香尘细，碧玉瓯中白雪飞，扫醒破闷和脾胃。风韵美，唤醒睡希夷。”

元代姬翼《水调歌头·兴废阅青史》：“一碗洗心茗，一瓣劫前香。”《一剪梅·珠树瑶林气象嘉》：“珠树瑶林气象嘉。玉龙无力，熟寝银霞。青童旋拨贮琼花。莹彻冰壶，一色无瑕。宝鼎初溶火渐加。浓烹团凤，极品黄芽。涂金羔酒世情夸。此况谁知，物外仙家。”

元代王沂《芍药茶三首》（其一）：“滦水琼芽取次春，仙翁落杵玉为尘。一杯解得相如渴，点笔凌云赋大人。”

元代谢宗可《雪煎茶》：“夜扫寒英煮绿尘，松风入鼎更清新。月圆影落银河水，云脚香融玉树春。”《茶筅》：“此君一节莹无瑕，夜听松声漱玉华。万缕引风归蟹眼，半瓶飞雪起龙牙。香凝翠发云生脚，湿满苍髯浪卷花。到手纤毫皆尽力，多因不负玉川家。”

元代忽思慧《饮膳正要·诸般汤煎》：“凡诸茶，味甘、苦，微寒，无毒。去痰热、止渴、利小便，消食下气，清神少睡。”

元代洪希文《煮土茶歌》："论茶自古称壑源，品水无出中泠泉。莆中苦茶出土产，乡味自汲井水煎。器新火活清味永，且从平地休登仙。王侯第宅斗绝品，揣分不到山翁前。临风一啜心自省，此意莫与他人传。"

元代谢应芳《煮茗轩》："聚蚊金谷任荤膻，煮茗留人也自贤。三百小团阳羡月，寻常新汲惠山泉。星飞白石童敲火，烟出青林鹤上天。午梦觉来汤欲沸，松风初响竹炉边。"《水龙吟·题曹德祥水居》："潇洒轩窗，波光隐映，笔床茶灶。但溪无六逸，林无诸阮，谁相与，论怀抱。不用沧洲洗耳，听风前、此君清啸……鱼鸟情亲，渔樵邂逅，不时谈笑。看古来行路难行，真个是闲居好。"

元代吴皋《茗篇》："琼树吐芳鲜，敷荣丽阳景。金芽灵液滋，玉蕾诮丹颖。孰掇阆苑蕤，飞度碧云岭。绿尘扬玉臼，凤髓团金饼。瑶瓯凝绀雪，沸溢神丹鼎。甘踰仙掌露，啜以发清醒。轻飙洒毛发，振袂蓬莱顶……君子炼忠赤，恳欵摅诚敬。"

明代朱升《茗理并序》："茗之带草气者，茗之气质之性也。茗之带花香者，茗之天理之性也。治之者贵乎除其草气，发其花香，法在抑之扬之间而已。抑之则实，实则热，热则柔，柔则草气渐除。然恐花香因而太泄也，于是复扬之。迭抑迭扬，草气消融，花香氤氲，茗之气质变化，天理浑然之时也。漫成一绝：一抑重教又一扬，能从草质发花香。神奇共诧天工妙，易简无令物性伤。”

元代倪瓒《送徐子素》：“山馆留君才一月，梅花无数倚霜晴。垂帘幽阁图云影，贮火茶炉作雨声。”《夜泊芙蓉洲走笔寄炼师》：“煮茗汲寒涧，烧丹生夜光。”《春日云林斋居》：“晴岚拂书幌，飞花浮茗碗。”

元代蓝仁《谢卢石堂惠白露茶》：“武夷山里谪仙人，采得云岩第一春。丹灶烟轻香不变，石泉火活味逾新。春风树老旗枪尽，白露芽生粟粒匀。欲写微吟报佳惠，枯肠搜尽兴空频。”

明代来复《卧雪斋》：“碧碗茶香清瀹乳，红炉木火生暖烟。”

明代叶子奇《己亥元日寓舍独坐对雨》：“清坐无憀独客来，一瓶春水自煎茶。寒梅几树迎春早，细雨微风看落花。”

《明大政纪》记述：“朱元璋于洪武二十四年[①]，九月诏建宁岁贡上供茶……罢造龙团，听茶户惟采芽茶以进……今人惟取初萌之精者，汲泉置鼎，一瀹便啜，遂开千古茗饮之宗。”从此贡茶不再是团茶、饼茶，从而推动了茶业改革，六大茶类（绿、青、红、黄、白、黑）相继出现，名茶辈出。

明代高启《采茶词》：“雷过溪山碧云暖，幽丛半吐枪旗短。银钗女儿相应歌，筐中摘得谁最多？归来清香犹在手，高品先将呈太守。竹炉新焙未得尝，笼盛贩与湖南商。山家不解种禾黍，衣食年年在春雨。”《茶轩》：“摘芳试新泉，手涤林下器。一

① 公元 1391 年。

榻鬓丝傍，轻烟散遥吹。不用醒吟魂，幽人自无睡。”《赋得惠山泉送客游越》：“云液流甘漱石牙，润通锡麓树增华。汲来晓冷和山雨，饮处春香带涧花。”

明代唐之淳《雪水烹茶》：“玉液渗云旗，寒铛独煮时。一瓯醒酒困，谁道愧粗儿。”

明代李时勉《章郎中送茶》：“雀舌金芽玉色鲜，贡余独得大夫怜……手阅香逾仙掌草，鼎烹味胜惠山泉。”

明代朱权《茶谱》：“茶之为物，可以助诗兴而云山顿色，可以伏睡魔而天地忘形，可以倍清谈而万象惊寒……食之能利大肠，去积热，化痰下气，醒睡，解酒，消食，除烦去腻，助兴爽神。得春阳之首，占万木之魁……或会于泉石之间，或处于松竹之下，或对皓月清风，或坐明窗静牖，乃与客清谈款语，探虚玄而参造化，清心神而出尘表。杂以诸香，失其自然之性，夺其真味；大抵味清甘而香，久而回味，能爽神者为上。”朱权[①]作为皇子撰茶书而名留青史，同样是朱元璋的儿女（驸马欧阳伦），却因走私茶叶出境，从中牟取暴利而被杀头。一家之中，正道得正果，歧途遭恶报，当引以为戒。

明代王越《蒙顶石花茶》：“闻道蒙山风味嘉，洞天深处饱烟霞。冰绡碎剪先春叶，石髓香粘绝品花。蟹眼不须煎活水，酪奴何敢斗新芽。若教陆羽持公论，当是人间第一茶。”

---

① 茶书著作甚丰。

明代吴宽《爱茶歌》："汤翁爱茶如爱酒，不数三升并五斗。先春堂开无长物，只将茶灶连茶臼。堂中无事长煮茶，终日茶杯不离口。当筵侍立惟茶童，人门来谒惟茶友。谢茶有诗学卢仝，煎茶有赋拟黄九。"《饮洞庭山悟道泉》："碧瓮泉清初入夜，铜炉火暖自生春。具区舟楫来何远，阳羡旗枪瀹更新。妙理勿传醒酒客，佳茗谁与坐禅人。"《谢朱懋恭同年寄龙井茶》："饮余为比公清苦，风味依然在齿牙。"《书句容丁溪僧舍壁》："瀹茗焚香坐终日，不知林外夕阳低。"《次韵任太常过园居四首》（其一）："闲凭却爱琴徽冷，连饮惟夸茗碗香。"

明代陆容《送茶僧》："江南风致说僧家，石上清香竹里茶。法藏名僧知更好，香烟茶晕满袈裟。"《次韵杨考功雪中见寄》："拟絮怜才逸，充茶觉味甜。"《夜酌不能成趣辄命儿辈出韵引杯得二首》（其一）："秋蚁抱香浮暖液，荷蜂含蜜褪枯房。茶铛泣处声如橹，错认书斋是野航。"《登太仓卫楼》："饮榼流香茗，薰炉点细沉。"

明代程敏政《斋所谢定西侯惠巴茶》："元戎斋祓近青坊，分得新茶带酪香。雪乳味调金鼎厚，松涛声泻玉壶长。甘于马湩[①]疑通谱，清让龙团别制方。吟吻渴消春昼永，愧无裁答付奚囊。"

明代邵宝《煎茶寄吴封君》："浊醪有妙理，清茶尤苦心。

① 乳汁。

采茶阳羡阳，汲泉惠山阴。秋水碧如玉，百沸成黄金。此中亦何味，请听希声琴。报君一罂水，撱石仍中沈。临发更致语，新火君当寻。”

明代祝允明《暮春山行》：“麦响家家碓，茶提处处筐。吴中好风景，最好是农桑。”《丹阳晓发》：“月明人渡水，星散树惊鸦。灯影依依店，茶声远远车。”《和竹茶炉诗》：“仙掌分来自玉泉，呼童试向竹炉煎……冰壑著铭深得趣，匏庵索句久忘眠。”“尝遍江南七品泉，北游复汲玉河煎……卢仝素识茶中趣，此趣多应识未全。”“露芽数朵和甘泉，雅称筠炉漫火煎。老阮清风能启后，阿咸高节有光前。案头汤火人忘倦，帘外烟微鹤傍眠。”“平生端不近贪泉，只取清泠旋旋煎。陆氏铜炉应在右，韩公石鼎敢争前。满瓯花露消春困，两耳松风惊昼眠。”

明代唐寅《开门七件事》：“柴米油盐酱醋茶，般般都在别人家。岁暮清淡无一事，竹堂寺里看梅花。”《落花图咏》：“匡床自拂眠清画，一缕茶烟扬鬓丝。”《事茗图》：“日长何所事，茗碗自赏持。”

明代文徵明《暮春》：“老怯麦秋犹拥褐，病逢谷雨喜分茶。”《闲心》：“苍苔绿树野人家，手卷炉薰意自嘉。莫道客来无供设，一杯阳羡雨前茶。”《联句》：“茶余或可添诗兴。”《煎茶赠友》：“嫩汤自候鱼眼生，新茗还夸翠展旗。谷雨江南佳节近，惠山泉下小船归。山人纱帽笼头处，禅榻风花绕鬓飞。酒客不通尘梦醒，卧看春日下松扉。”《次夜会茶于家兄处》：“慧泉珍重著茶经，出品旗枪自义兴。寒夜清谈思雪乳，小炉活火煮溪冰。”

明代王阳明《登凭虚阁和石少宰韵（南京作）》：“松间鸣瑟惊栖鹤，竹里茶烟起定僧。”《化城寺六首其五》：“僧屋烟霏外，山深绝世哗。茶分龙井水，饭带石田砂。香细云岚杂，窗高峰影遮。林栖无一事，终日弄丹霞。”

明代孙绪《擂茶》：“何物狂生九鼎烹，敢辞粉骨报生成。远将西蜀先春味，卧听南州隔竹声。活火乍惊三昧手，调羹初试五侯鲭。”

明代顾璘《赋煮茶图》：“朱门酒肉如山海，沉湎徒云性灵改。松关冥坐真天人，朗如玉树生华采。涧阿霁雪新泉清，风吹石鼎茶烟横。悠然对语白日晚，俯听万井苍蝇声。”《宿排山道院二首》（其一）：“涧水增茶品，山光冷宦情。寒宵得洗耳，金磬杂经声。”

明代徐祯卿《秋夜试茶》：“静院凉生冷烛花，风吹翠竹月光华。闷来无伴倾云液，铜叶闲尝紫笋茶。”《煎茶图》：“惠山秋净水泠泠，煎具随身挈小瓶。”

明代夏良胜《啜茶》：“故乡茶叶异乡烹，添得吟肠一味清。水凿冰崖凝碧椀，火翻雪浪覆青瓶……也须三椀坐严更。”

明代杨慎《和章水部沙坪茶歌》："芳芽春茁金鸦觜，紫笋时抽锦豹斑……贮之玉碗蔷薇水，拟以帝台甘露浆。聚龙云，分麝月，苏兰薪桂清芬发……君作茶歌如作史，不独品茶兼品士。"

明代吴廷翰《百合茶》："密添松火嫩，转傍竹炉清。"

明代陆治《题烹茶图》："茗碗月团新破，竹炉活火初燃。"

明代陶振《咏孟端溪山渔隐长卷》："翦裁苍雪出淇园，菌蠢龙头制作偏。紫笋香浮阳羡雨，玉笙声沸惠山泉。肯藏太乙烧丹火，不落天随钓雪船。只好岩花苔石上，煮茶供给赵州禅。"

明代高应冕《龙井试茶》："茶新香更细，鼎小煮尤佳。若不烹松火，疑餐一片霞。"

明代童汉臣《龙井试茶》："水汲龙脑液，茶烹雀舌春。因之消酩酊，兼以玩嶙峋。一吸赵州意，能苏陆羽神。林间抱新趣，世味总休论。"

明代邱云霄《蓝素轩遗茶谢之》："御茶园里春常早，辟谷年来喜独尝。笔阵战酣青叠甲，骚坛雄助录沉枪。波惊鱼眼听涛细，烟暖鸥罂坐月长。欲访踏歌云外客，注烹仙掌露华香。"

明代李时珍《本草纲目・果之四・茗》："茶苦而寒，阴中之阴，沉也降也。最能降火，火为百病，火降则上清矣。然火有五火有虚实。若少壮胃健之人，心肺脾胃之火多盛，故与茶相宜。温饮则火因寒气而下降，热饮则茶借火气而升散，又兼解酒食之毒，使人神思闿爽，不昏不睡，此茶之功也。”“真茶性冷，惟雅州蒙顶山出者温而主祛疾。”

明代张源，志甘恬澹，性合幽栖，号称隐君子，其所著《茶录》[①]得茶中三昧，且摘几则以览：“茶之妙，在乎始造之精。藏之得法，泡之得宜……投茶有序，毋失其宜，先茶后汤曰下投；汤半下茶，复以汤满，曰中投；先汤后茶曰上投。春秋中投，夏上投，冬下投。”“茶有真香，有兰香，有清香，有纯香。表里如一纯香，不生不熟曰清香，火候均停曰兰香，雨前神具曰真香。”“茶以青翠为胜；涛以蓝白为佳……雪涛为上，翠涛为中，黄涛为下。”“味以甘润为上，苦涩为下。”“茶者水之神，水者茶之体。非真水莫显其神，非精茶曷窥其体……石中泉清而甘……饮茶惟贵乎茶鲜水灵。”“造时精，藏时燥，泡时洁。精、燥、洁，茶道尽矣。”

明代徐渭《煎茶七类》[②]：“煎用活火，候汤眼鳞鳞起，沫饽鼓泛，投茗器中。初入汤少许，俟汤茗相投，即满注。云脚渐开，乳花浮面，则味全。茶入口，先须灌漱，次复徐啜，俟甘津潮舌，乃得真味。若杂以花果，则香味俱夺矣。除烦雪滞，涤醒破睡，谭渴书倦，是时茗碗策勋，不减凌烟。”《某伯子惠虎丘茗谢之》：“虎丘春茗妙烘蒸，七碗何愁不上升。青箬旧封题谷雨，紫砂新罐买宜兴……好将书上玉壶冰。”《鹧鸪天·竹炉汤

① 传到韩国后称为《茶神传》。

② 与陆树声《茶寮记》类似。

沸火初红》："客来寒夜话头频，路滑难沽曲米春。点检松风汤老嫩，退添柴叶火新陈。倾七碗，对三人，须臾梅影上冰轮。他年若更为图画，添我炉头倒角巾。"

明代高濂《遵生八笺》："西湖之泉，以虎跑为最，两山之茶，以龙井为佳。谷雨前采茶旋焙，时激虎跑烹享，香清味冽，凉沁诗脾。""山僻景幽，云深境寂，松阴树色，蔽日张空，人罕游赏。炎天月夜，煮茗烹泉，与禅僧诗友，分席相对，觅句赓歌，谈禅说偈。满空孤月，露浥清辉，四野轻风，树分凉影……俗抱尘心，萧然冰释。""珠英琼树，香满空山，快赏幽深，恍入灵鹫金粟世界。就龙井汲水煮茶，更得僧厨山蔬野蔬作供，对仙友大嚼，令人五内芬馥。""两山种茶颇蕃，仲冬花发，若月笼万树，每每入山寻茶胜处，对花默共色笑，忽生一种幽香，深可人意。且花白若剪云绡，心黄俨抱檀屑，归折数枝，插觚为供，枝梢苞萼，颗颗俱开，足可一月清玩。更喜香沁枯肠，色怜青眼，素艳寒芳，自与春风姿态迥隔。幽闲佳客，孰过于君？""食毕，饮清茶一二杯，即以茶漱齿，凡三吐之，去牙缝积食。"高濂认为"无论行住坐卧，宾朋交接，不当求其奢，而当尚其简；不求荣华显达，唯取适性安逸。"高濂系统全面总结出了我国古代养生之法：修德养神，恬寂清虚；顺应自然，与时消息；尚简求适，起居安乐；心有所寄，庶不外驰；养气保精，运体却病；服食养生，务尚淡薄；灵药填精，祛病延年；隐居求志，去危图安。

明代许次纾《茶疏》："天下名山，必产灵草。江南地暖，故独宜茶……旋摘旋焙，香色俱全，尤蕴真味。""岕之茶不炒，甑中蒸熟，然后烘焙。"说的是蒸青工艺。"精茗蕴香，借水而发，无水不可与论茶也。蟹眼之后，水有微涛，是为当时，大涛鼎沸，旋至无声，是为过时。过则汤老而香散，决不堪用。""未曾汲水，先备茶具。必洁必燥，开口以待……乳嫩清滑，馥郁鼻端。病可令起，疲可令爽，吟坛发其逸思，谈席涤其玄衿。惟素心同调，彼此畅适，清言雄辩，脱略形骸，始可呼童篝之火，酌水点汤。""茶宜常饮，不宜多饮。常饮则心肺清凉，烦郁顿释。多饮则微伤脾肾，或泄或寒。盖脾土原润，肾又水乡，宜燥宜温，多或非利也。但令色香味备，意已独至，何必过多，反失清洌乎。且茶叶过多，亦损脾肾，与过饮同病。"

明代周履靖《茶德颂》："有嗜茗友生，烹瀹不论朝夕，沸汤在须臾；汲泉与燎火，无暇蹑长衢。竹炉列牖，兽炭陈庐；卢仝应让，陆羽不知。堪贱羽觞酒觚，所贵茗碗茶壶；一瓯睡觉，二碗饭余。遇醉汉渴夫，山僧逸士，闻馨嗅味，欣然而喜。乃掀唇快饮，润喉嗽齿，诗肠濯涤，妙思猛起。友生咏句，而嘲其酒糟；我辈恶醪，啜其汤饮，犹胜啮糟。一吸怀畅，再吸思陶。心烦顷舒，神昏顿醒。喉能清爽而发高声，秘传煎烹瀹啜真形。始悟玉川之妙法，追鲁望之幽情。燃石鼎俨如翻浪，倾磁瓯叶泛如萍。"

明代汤显祖《顾膳部寘归三十韵（时大水，饥）》：“素斋溢芳温，青蔬杂兰菊……心清笑则雅，兴洽谈逾穆……风露蔼延和，华桐暗相馥。岸帻且轻首，啜茗殊清目。”《雁山迷路》：“借问采茶女，烟霞路几重。屏山遮不断，前面剪刀峰。”

明代于若瀛《龙井茶》：“西湖之西开龙井，烟霞近接南峰岭。飞流蜜汩写幽壑，石磴纡曲片云冷。拄杖寻源到上方，松枝半落澄潭静。铜瓶试取烹新茶，涛起龙团沸谷芽……漫道白芽双井嫩，未必红泥方印嘉。世人品茶未尝见，但说天池与阳羡。岂知新茗煮新泉，团黄分冽浮瓯面。二枪浪白附三篇，一串应输钱五万。”

明代张大复《梅花草堂笔谈》：“茶性必发于水，八分之茶，遇十分之水，茶亦十分矣；八分之水，试十分之茶，茶只八分耳。”

明代陈继儒《试茶》：“泉从石出清亦冽，茶自峰生味更圆。”《小窗幽记·韵》：“香令人幽，酒令人远，茶令人爽，琴令人寂……山水令人奇，书史令人博。闲谈古今，静玩山水，清茶好香，以适幽趣。”“茶取色臭俱佳，行家偏嫌味苦；香须冲淡为雅，幽人最忌烟浓。”《小窗幽记·灵》：“好香用以熏德，好纸用以垂世，好笔用以生花，好墨用以焕彩，好水用以洗心，好茶用以涤烦，好酒用以消忧。”《试茶》：“绮阴攒盖，灵草试奇。竹炉幽讨，松火怒飞。水交以淡，茗战而肥。绿香满路，永日忘归。”

明代王毗翁《黄芽焙茗诗》："露蕊纤纤才吐碧，即防叶老采须忙。家家篝火山窗下，每到春来一县香。"

明代徐火勃《茗谭》："品茶最是清事，若无好香在炉，遂乏一段幽趣；焚香雅有逸韵，若无名茶浮碗，终少一番胜缘……余谓一日不饮茶，不独形神不亲，且语言亦觉无味矣。幽竹山窗，鸟啼花落，独坐展书，新茶初熟，鼻观生香，睡魔顿却，此乐正索解人不得也……名茶每于酒筵间递进，以解醉翁烦渴，亦是一厄……茶味最甘，烹之过苦，饮者遭良药之厄。"

明代袁宏道《雪中投宿栖隐寺，寺去大冶五千里在乱山中二首》："茶好临泉试，松宜带雪看。山烟随涧出，松火隔林香。云冷莓苔殿，雪封萝薜墙。"《和王以明山居韵其二》："自候烹茶火，闲开看竹窗。"《游虎跑泉》："竹床松涧净无尘，僧老当知寺亦贫。饥鸟共分香积米，落花常足道人薪。碑头字识开山偈，炉里灰寒护法神。汲取清泉三四盏，芽茶烹得与尝新。"《月下过小修净绿堂试吴客所饷松萝茶》："碧芽拈试火前新，洗却诗肠数斗尘。江水又逢真陆羽，吴瓶重泻旧翁春。和云题去连筐叶，与月同来醉道人。竹影一堂修碧冷，乳花浮动雪鳞鳞。"

明代潘允哲《谢人惠茶》："长日燕台正忆家，故人新惠故园茶。茸分玉碾闻兰气，火暖金铛见雪花。漫道玉川阳羡蕊，还如鸿渐建溪芽。泠然一啜烦襟涤，欲御天风弄紫霞。"

明代罗廪《茶解》记载了炒青绿茶工艺："茶无蒸法，惟岕茶用蒸。炒茶，铛宜热，初用武火急炒，以发香气……茶炒熟后，必须揉捻，揉捻则脂膏溶液，少数入汤，味无不全……文火铛焙干，色如翡翠"。说明揉捻过的茶渗透出内在的营养物质，味足。"茶通仙灵，久服能令升举。然蕴有妙理，非深知笃好不能得其当。茶须色香味三美具备，色以白为上，青绿次之，黄为下。香如兰为上，如蚕豆花次之，以甘为上，苦涩斯下矣。茶色贵白，白而味觉甘鲜，香气扑鼻，乃为精品。味足而色白，其香自溢，三者得则俱得也。山堂夜坐，手烹香茗，至水火相战，俨听松涛，倾泻入瓯，云光缥缈，一段幽趣，故难与俗人言。"

明代范景文《同汪未央王太初尝秋茶》："虚窗菊影印疏斜，拣得山泉共试茶。香外微涵岩洞韵，声中小验乳冰花。水惟取活频看火，洗不嫌多净去沙。似带高秋清冽意，谁誇谷雨剪新芽。"《蕉雨轩尝水》："片片岘山云，朝来看起止。此外一事无，睡足惟品水……何如碧苕溪，潺潺来城里。入目快平远，挹之清且美。便泼洞山芽，雪花泛冰蕊。泉味与茶香，相和有妙理。细嚼润枯喉，泉脉湿灵肺。白石点作汤，并以砺吾齿。"

明代张岱《闵汶水茶》："十载茶淫徒苦刻，说向余人人不识。烧鼎混沌寻香色，嚼山咀土餐细霞。不信古人信胸臆，细细钻研七十年。到得当炉啜一瓯，多少深心兼大力。"《陶庵梦忆》："泉实玉带，茶实兰雪；汤以旋煮，无老汤；器以时涤，无秽器；

其火候、汤候，有天合之者。”《斗茶檄》：“水淫茶癖，爰有古风；瑞草雪芽；素称越绝……八功德水，无过甘滑香洁清凉。七家常事，不管柴米油盐酱醋。”《禊泉》：“辨禊泉者无他法，取水入口，第挢舌舐腭，过颊即空，若无水可咽者，是为禊泉。”

明代傅山《黄玉柳贡茶》：“玉陇嵌春苦，杯云随碧芽……三盏能除烦，满冠缀杏花。”《酒阵茶枪诗》：“酒阵茶枪次第陈，湘箸绿雨座中春。”《雪林读左传》：“蹇茶供大嚼，灵通毛孔馥。”《雪林二首》：“想起一茶送，闲心半句酬。”“独我怜和尚，全浑酒共茶。”茶楹联：“茶七碗，酒千钟，醉来踏破瑶阶月；柳三眠，花一梦，兴到倾翻碧玉觞。”“竹雨松风琴韵；茶烟梧月书声。”

明代黄宗羲《余姚瀑布茶》：“檐溜松风方扫尽，轻阴正是采茶天。相邀直上孤峰顶，出市都争谷雨前。两筥东西分梗叶，一灯儿女共团圆。炒青已到更阑后，犹试新分瀑布泉。”

明代李渔《闲情偶寄》的《居室部》中有茶具一节讲求“置物但取其适用，何必幽渺其说。茶则有体之物也，星星之叶，入水即成大片”。另有明代周高起《阳羡茗壶系》：“壶供真茶，正在新泉活火。旋瀹旋啜，以尽色声香味之蕴。”

明代方文《都下竹枝词》：“自昔旃裘与酪浆，而今啜茗又焚香。雄心尽向蛾眉老，争肯捐躯入战场。”

明代周亮工《闽茶曲十首》：“龙焙泉清气若兰，士人新样小龙团。尽夸北苑声名好，不识源流在建安。”“一曲休教松枯长，悬崖侧岭展旗枪。茗柯妙理全为祟，十二真人坐大荒。”“太姥声高绿雪芽，洞山新泛海天搓。茗禅过岭全平等，义酒应教伴义茶。”

清代张英《食毕而茗》：“茗以醇为贵，水以山泉清。月团亲手烹，其乐胜仙工。”《饭有十二合说·八之茗》：“食毕而茗，所以解荤腥，涤齿颊，以通利肠胃也。茗以温醇为贵，岕片、武夷、六安三种最良。松萝近刻削，非可常饮。石泉佳茗，最是清福。颂曰：松风既鸣，蟹眼将沸。月团手烹，以涤滞郁。丹田紫关，香气腾拂。”

清代彭定求《谢王适庵惠武夷茶》：“石鼎香浮涵素液，冰壶色映净炎曦。”

清代查慎行《昌江竹枝词》：“谷雨前头茶事新，提筐少女摘来匀。长成嫁作邻家妇，胜似风波荡桨人。”

英国大诗人艾德蒙·沃勒为葡萄牙公主凯瑟琳写了一首诗《饮茶皇后》：“花神宠秋色，嫦娥矜月桂。月桂与秋色，难与茶比美。一为后中英，一为群芳最……”

清代康熙《中泠泉》：“静饮中泠水，清寒味日新。顿令超象外，爽豁有天真。”

清代纳兰性德《沁园春·梦冷蘅芜》：“最忆相看，娇讹道字，手剪银灯自泼茶。”《浣溪沙·谁念西风独自凉》：“被酒莫惊春睡重，赌书消得泼茶香。当时只道是寻常。”

清代王应奎《柳南随笔》载：康熙皇帝于康熙三十八年[①]南巡江苏太湖，巡抚宋荦购得朱正元精制的品质最好的“吓杀人香”茶进贡，康熙以其名不雅，遂赐名“碧螺春”。从此，“碧螺春”茶岁必采办进贡。

清代汪士慎《幼孚斋中试泾县茶》：“不知泾邑山之涯，春风茁此香灵芽。两茎细叶雀舌卷，蒸焙工夫应不浅。宣州诸茶此绝伦，芳馨那逊龙山春。一瓯瑟瑟散轻蕊，品题谁比玉川子。共向幽窗吸白云，令人六腑皆芳芬。长空霭霭西林晚，疏雨湿烟客忘返。”《武夷三味》：“初尝香味烈，再啜有余清。烦热胸中遣，凉芳舌上生。”

清代郑燮《家兖州太守赠茶》：“头纲八饼建溪茶，万里山东道路赊。此是蔡丁天上贡，何期分赐野人家。”《赠博也上人》：“黄泥小灶茶烹陆，白雨幽窗字学颜。”《七言诗》：“不风不雨正晴和，翠竹亭亭好节柯。最爱晚凉佳客至，一壶新茗泡松萝。几枝新叶萧萧竹，数笔横皴淡淡山。正好清明连谷雨，一杯香茗坐其间。”《西江月》：“蟹眼茶声静悄，虾须帘影轻明。梅花老去杏花匀，夜夜胭脂怯冷。”茶联：“从来名士能评水；自古高僧爱斗茶。”“汲来江水烹新茗；买尽青山当画屏。”据记载郑板桥因《西江月》茶词喜结良缘。

① 1699年。

清代陆廷灿《续茶经》：“洁己爱民，旌别淑慝……每于公事入山，遇景留题……余性嗜茶，究悉源流，查阅诸书，于武夷之外，每多见闻，因思采集为《续茶经》之举……肖形天地，匪冶匪陶。心存活火，声带湘涛。一滴甘露，涤我诗肠。清风两腋，洞然八荒。”《武夷茶》：“轻涛松下烹溪月，含露梅边煮岭云。醒睡功资宵判牒，清神雅助昼论文。春雷催茁仙岩笋，雀舌龙团取次分。”

清代乾隆《观采茶作歌二首》：“火前嫩，火后老，惟有骑火品最好……地炉文火续续添，乾釜柔风旋旋炒。慢炒细焙有次第，辛苦功夫殊不少。嫩荚新芽细拨挑，趁忙谷雨临明朝。雨前价贵雨后贱，民艰触目陈鸣镳。由来贵诚不贵伪，嗟哉老幼赴时意。”《坐龙井烹茶偶成》：“寸芽出自烂石上，时节焙成谷雨前。何必凤团夸御茗，聊因雀舌润心莲。”杭州龙井村狮峰山下胡公庙前保存着乾隆赐封的“十八棵御茶”。传说龙井茶是由谢灵运从天台山引种于灵隐、天竺二寺。“龙井茶、虎跑泉”素称杭州双绝，脍炙人口。乾隆皇帝在乾隆十六年南巡时，得饮徽州名茶“老竹铺大方”后，赐以“大方”为茶名。

清代曹雪芹《红楼梦》第二十五回：“你既吃了我们家的茶，怎么还不给我们家作媳妇？”第四十一回：“一杯为品，二杯即是解渴的蠢物，三杯便是饮牛饮骡了。”第七十六回：“芳情只自遣，雅趣向谁言！彻旦休云倦，烹茶更细论。”曹雪芹不仅是茶的千古知音，还是辨泉高手[①]。《红楼梦》中读及茶的地方竟有260多处，所以有“一部《红楼梦》，满纸茶叶香”，主要体现在七大方面：家常吃茶、客来敬茶、饮食的待客茶果、有讲究的品茶、药用饮茶、风月谈笑茶、祭奠茶。《四时即事》：“静夜不眠因酒渴，沉烟重拨索烹茶。”“却喜侍儿知试茗，扫将新雪及时烹。”茶联：“烹茶冰渐沸；煮酒叶难烧。”“宝鼎茶闲烟尚绿；幽窗棋罢指犹凉”。

清代袁枚《试茶》：“云此茶种石缝生，金蕾珠蘖殊其名。雨淋日炙俱不到，几茎仙草含虚清。采之有时焙有诀，烹之有方饮有节……我震其名愈加意，细咽欲寻味外味。杯中已竭香未消，舌上徐尝甘果至。”《谢南浦太守赠雨前茶叶》：“四银瓶锁碧云英，谷雨旗枪最有名。嫩绿忍将茗碗试，清香先向齿牙生。”《随园食单·茶酒单》：“僧道争以茶献，杯小如胡桃，壶小如香橼，每斟无一两。上口不忍遽咽，先嗅其香，再试其味，徐徐咀嚼而体贴之。果然清芬扑鼻，舌有余甘，一杯之后，再试一二杯，令人释躁平矜，怡情悦性。”“清明前者号莲心，太觉味淡，以多用为妙。雨前最好一旗一枪，绿如碧玉。收法须用小纸包，每包四两放石灰坛中，过十日则换古灰，上用纸盖扎住，否则气出而色味全变矣。”

清代姚鼐《同秦澹初等游洪恩寺》：“明朝相忆皆千里，那

① 其认为品香泉之水清冽香甜。

易僧窗啜乳茗。”

清代高鹗《茶》：“瓦铫煮春雪，淡香生古瓷。晴窗分乳后，寒夜客来时。漱齿浓消酒，浇胸清入诗。樵青与孤鹤，风味尔偏宜。”

清代陈章《采茶歌》：“凤凰岭头春露香，青裙女儿指爪长。度涧穿云采茶去，日午归来不满筐。焙成粒粒比莲心，谁知侬比莲心苦。”

清代李惺《竹里煎茶》：“观叶红丝蚁，湘筠碧玉屏。寒天舞翠袖，活火此铜瓶。气乍蓬蓬出，声兼簌簌听。烟痕教鹤避，风叶逼人醒。”

清代龚自珍《己亥杂诗》：“今日闲愁为洞庭，茶花凝想吐芳馨。”“矮茶密緻高松独，记取先生亲手栽。”“小桥报有人痴立，泪泼春帘一饼茶。”《过扬州》：“春灯如雪浸兰舟，不载江南半点愁。谁信寻春此狂客，一茶一偈过扬州。”《会稽茶》：“茶以洞庭山之碧螺春为天下第一，古人未知也。近人始知龙井，亦未知碧螺春也。会稽茶乃在洞庭、龙井间，秀颖似碧螺而色白，与浓绿者不同，先微苦，涤脾，甘甚久，与龙井骤芳甘不同，凡所同者，山水芳馨之气也。”

清代王士雄《随息居饮食谱》：“茶，微苦微甘而凉，清心神，醒睡除烦；凉肝胆，涤热消痰；肃肺胃，明目解渴。以春采色青、炒焙得法、收藏不泄气者良。凡暑秽痧气、腹痛、干霍乱、痢疾等症初起，饮之辙愈。”

清代张日熙《采茶歌》：“江南愁思盈芳草，采茶歌里春光老。春自催归茶自香，筠篮无那红尘道。清明寒食丝丝雨，素腕玲珑只自攀。东家采早新月白，西家采迟霉雨碧。迟早年来活计谙，嫩芽收向筠笼密。布裙红出俭梳妆，茶事将登蚕事忙。玉腕熏炉香茗冽，可怜不是采茶娘！”

清代金田《鹿苑茶》：“山精石液品超群，一种馨香满面熏。不但清心明目好，参禅能伏睡魔军。”

举不胜举。

自不待言，“茶助诗兴，诗添茶韵”。以上诗文是我在闲暇时查阅茶史、茶诗、茶书并辅以网络搜索获取，仅选其有代表性的罗列，诚不遑枚举。吴觉农先生在 1985 年 7 月 22 日至谢金溪的信中盛赞陆放翁的茶叶诗作，并对谢金溪拟就的《陆放翁诗、酒、茶》文稿提了七项个人的想法以供商讨：“首先，来谈谈我个人对放翁的诗和茶，酒不必和茶并列，因酒虽是重要饮料之一，但对身体有害无益，而且消耗国家粮食……茶却不然，不但醒酒，还可医治很多疾病，且可使人长寿，已成为定评。第六、对茶的欣赏和饮用……在专门的茶叶杂志中，我个人的见解是，为了介绍爱国诗人，先作对他的崇敬和按当前的特殊需要作放翁‘诗和茶’……酒不应与茶并列起来，这是我们的主体思想。”[①]。吾

① 引自谢金溪《发扬茶叶文化，前贤遗教长存——吴觉农老人的两封信》。

侪敬仰吴老学识渊博、德高望重，谨遵遗愿，踵武前贤通读白居易、陆游、黄庭坚、苏轼及梅尧臣、杨万里等所有茶诗，择优甄录，其他则点到为止，但远不止于此（所举例者乃九鼎一脔耳）。诗文中个别字词已就近作注释义，为了节省篇幅，适采摭重点、经典文句使茶弥显眼前，许多诗作并未全诗照抄，望读者宥谅。

刘勰的《文心雕龙》载有丰富的文章、诗词，有文学、美学、艺术想象的论述精要："文成规矩，思合符契。或简言以达旨，或博文以该情；或明理以立体，或隐义以藏用。妙极生知，睿哲惟宰；精理为文，秀气成采……菀其鸿裁，猎其艳辞，衔其山川，拾其香草。酌奇而不失其真，玩华而不坠其实……是以在心为志，发言为诗，舒文载实，持人情性。""古诗佳丽，清峻遥深；清典可味，雅有新声。辞约旨丰，余味日新。"

曾国藩于诗词、文章亦有宏论："读书之法，看、读、写、作四者每日不可缺一。熟读诵记，含英咀华，虚心涵泳，切己体察……非高声朗诵则不能得其雄伟之概，非密咏恬吟则不能探其深远之韵……先之以高声朗诵，以昌其气；继之以密咏恬吟，以玩其味。二者并进，使古人之声调，拂拂然若与我之喉舌相习……亦自觉琅琅可诵，引出一种兴会来，久之必得些滋味，寸心若有怡悦之境……然少年文字，总贵气象峥嵘雄快，东坡所谓蓬蓬勃勃，如釜上气……是文章之雄奇，其精处在行气，其粗处全在造句选字也，卿[①]、云[②]之跌宕，昌黎[③]之倔强，尤为行气不易之法。无论古今何等文人，其下笔造句，总以‘珠圆玉润’四字为主。凡诗文趣味约有两种：一曰诙诡之趣，一曰闲适之趣……尔以后读古文古诗，惟当先认其貌、后观其神，久之自能分别蹊径，以精确之训诂，作古茂之文章……去忿欲以养体，存倔强以励志……以诗言之，必先有豁达光明之识，而后有恬淡冲融之趣。”[④]

钟嵘的《诗品》说：“动天地，感鬼神，莫近于诗。”杨叔子院士说：“基因会遗传，文化要传承，经典需诵读，诗教应先行。诗教在弘扬民族文化、科教兴国、建设软实力中，有着不可忽视的重大作用。”陆延灿《续茶经》于典籍茶事辑录颇多，我则偏爱诗词雅章略甚，取其相较文约意广，辞简味深，“珠泽邓林”[⑤]，雅润清丽！

---

① 司马相如。

② 扬雄。

③ 韩愈。

④ 引自《曾文正公家书》。

⑤ 篇章文彩荟萃之处。

茶的分类及功能

一、茶的分类

根据陈宗懋院士主编的《中国茶经》，茶可以分为基本茶类和再加工茶类两大类别。根据茶叶加工工艺的不同又可将基本茶类分为六大类：绿茶、白茶、黄茶、红茶、乌龙茶、黑茶。

绿茶是经过杀青、揉捻、干燥等工艺流程制成的茶[①]，产量居我国几大茶类之首。绿茶属于不发酵茶，杀青方式有加热杀青和蒸汽杀青两种。以蒸汽杀青制成的绿茶称为“蒸青绿茶”，如恩施玉露、煎茶、当阳仙人掌茶、昭君白茶、宜兴阳羡茶、云海

① 其主要特征是叶绿、汤绿。

白毫、桂林三青茶、抹茶[1]。干燥依方式不同有炒干、烘干和晒干之别。最终炒干的绿茶称为“炒青”，长条形的炒青绿茶[2]经过精制加工以后的产品统称眉茶，分特珍、珍眉、凤眉、秀眉、贡熙、片茶、末茶等花色。最主要的圆炒青是珠茶，如绍兴“平水珠茶”、雨茶、鹤峰“珍硒珠茶”等。凡采摘细嫩芽叶加工而成的炒青绿茶都属细嫩炒青，它们品类繁多，品质优异，均为各产茶地区颇有名气的茶叶，因此又被统称为“炒青名茶”，有庐山云雾、西湖龙井、碧螺春、六安瓜片、信阳毛尖、顾渚紫笋、都匀毛尖、湄江翠片、秦巴雾毫、古丈毛尖、金奖惠明茶、瀑布仙茗、安化松针、婺源茗眉、遂川狗牯脑、老竹大方、南安石亭绿、南京雨花茶、峨眉峨蕊、桂平西山茶、千岛玉叶、松萝茶、茅山青峰、普陀佛茶等。最终烘干的绿茶称为“烘青”，烘青绿茶条索完整，常显峰苗，白毫显露，色泽绿润，茶汤香气清鲜，滋味鲜醇，叶底嫩绿明亮，依原料老嫩和制作工艺不同又可分为普通烘青与细嫩烘青。普通烘青的主要品类有闽烘青、浙烘青、徽烘青、赣烘青、苏烘青、湘烘青、鄂烘青、黔烘青、川烘青、桂烘青等，这类烘青通常用来作为窨制花茶的茶坯，窨花以后被称为烘青花茶。细嫩烘青是采摘细嫩芽叶精工制作而成的烘青绿茶，条索紧细卷曲，白毫显露，色绿、香高、味鲜醇，芽叶完整，

---

① 日本绿茶全部是蒸青绿茶。

② 如婺绿炒青、屯绿炒青、舒绿炒青、杭绿炒青、饶绿炒青、湘绿炒青、豫绿炒青、黔绿炒青。

大多属名茶之列，包括蒙顶甘露、蒙顶石花、黄山毛峰、青城雪芽、太平猴魁、舒城兰花、敬亭绿雪、羊楼洞“松峰茶”、天山烘绿、雁荡云雾、华顶云雾、武阳春雨、婺州东白茶、天目青顶、高桥银峰、永川秀芽、覃塘毛尖、南糯白毫、福鼎莲心茶、河南仰天雪绿、江宁翠螺等。还有一类烘青绿茶是炒烘结合，先在锅中边炒边做形，形成一定形状后再经烘干定型，常见的有峡州碧峰、灵岩剑峰、安吉白茶、黄金芽、望府银毫、浦江春毫、临海蟠毫、汉水银梭、棋盘山毛尖、齐山翠眉、大庸龙虾茶、紫阳毛尖、午子仙毫等。最终利用日光晒干的绿茶统称为“晒青”，主要有滇青、陕青、川青、黔青、桂青等，除一部分以散茶存在外，还有一部分经再加工成紧压茶，如闻名遐迩的赤壁青砖茶以及云南、四川的饼茶、团茶、沱茶、康砖等。

《大观茶论》说：“白茶自为一种，与常茶不同，其条敷阐，其叶莹薄。崖林之间，偶然生出，盖非人力所可致……”安吉白茶树是茶树的变种，最早于1930年在浙江省湖州市安吉县孝丰镇的马铃冈被发现，“枝头所抽之嫩叶色白如玉，焙后微黄，为当地金光寺庙产”[①]。20世纪80年代初，在浙江省湖州市安吉县天荒坪镇大溪村横坑坞桂家场800多米高的竹林之中发现一株千年以上的白茶祖母树[②]，它春季发出的嫩叶纯白，仅主脉呈微

① 出自《安吉县志》。

② 80年代经无性繁育方法繁殖成“白叶一号”良种茶苗，氨基酸含量一般在6.5%左右。

绿色。昭君白茶[①]是一种珍稀的进化茶树良种[②]，属于低温敏感型茶叶，每年只有在开春的气温条件下[③]，茶树的叶子才是白色的，白化期仅 15 ～ 20 天。安吉白茶与昭君白茶、白玉仙茶、天目湖白茶、正安白茶、唐崖白茶、殷祖白茶等，都是按绿茶加工工艺制成的茶叶，虽冠以“白茶”之名，但不能划归为白茶类，实属于绿茶。至于天台黄茶[④]、缙云黄茶[⑤]、龙游黄茶[⑥]、黄金叶、黄金芽[⑦]也是按绿茶加工工艺制成的茶叶，虽冠有“黄”之名，也属于绿茶。庄晚芳先生高度评价白化绿茶，称其具有“观赏、营养、经济”三大价值。

黄金茶是蜡梅科植物柳叶蜡梅[⑧]的嫩叶经加工制作而成的一种功能性绿茶，盛产于湘西和江西三清山的原始深山。陈宗懋院士认为中国最好的绿茶有两个品种：湘西黄金茶和安吉白茶。这两种绿茶，氨基酸含量是同类茶叶的两倍以上，茶多酚含量却比同类茶低，这两种营养物质是植物黄金，对抗衰老、防抑郁有重要作用。上午多喝绿茶，能让人神清气爽，心情愉悦。安吉白茶

---

① 产于湖北省宜昌市兴山县。

② 早春芽叶游离氨基酸含量一般均在 6% 以上，高者甚至达 9%。

③ 气温低于 23℃，叶绿体膜结构发育发生障碍，叶绿体退化解体，会抑制叶绿素的合成，可溶性蛋白水解，游离氨基酸含量上升。

④ 中黄一号。

⑤ 中黄二号。

⑥ 中黄三号。

⑦ 余姚茶树黄化变异新品种，氨基酸含量高达 9%。

⑧ 一种半常绿灌木。

只有清明前后十多天为白色，采摘炒制时间短，而湘西黄金茶[①]嫩叶生长时间长，茶园面积也比安吉白茶更广，因此更便于被培育成世界上最好的绿茶。

白茶是采摘大白茶树的芽叶[②]制成的轻微发酵茶，基本工艺过程是萎凋、干燥[③]，因成品茶满披白毫，如银似雪而得名。白茶具有外形满身披毫，芽毫完整，毫香清鲜，汤色黄绿清澈，滋味清淡回甘的品质特点，因采用原料不同，分为芽茶和叶茶两类。完全用大白茶树的肥壮芽头制成的白茶属芽茶，典型的有白毫银针，其外形色白如银，挺直如针。产于福鼎的采用烘干工艺的白毫银针也被称为“北路银针”，产于政和的晒干工艺的白毫银针也被称为“南路银针”。采摘一芽的二、三片叶或单片叶为原料，按白茶工艺加工而成的白茶属叶茶，包括白牡丹、贡眉、寿眉等品目。近些年来，还创有新工艺白茶[④]、紧压白茶[⑤]、老白茶[⑥]等。老白茶储藏得当[⑦]，香气从清鲜、花香到陈香、药香、枣香，汤色加深，茶味由清爽到醇厚，茶性由凉转温，药用价值也逐年升高，因此素有“一年茶，三年药，七年宝”之说。

---

① 氨基酸、茶多酚、叶绿素含量均高，水浸出物占比高，有“一两黄金一两茶”典故。

② 主要特征是白色茸毛多。

③ 晒干或烘干。

④ 经萎凋、发酵、揉捻、干燥而制成，毫香蜜韵，花香独有。

⑤ 其压制工序分为：称茶、蒸茶、整形、压制、摊凉、烘干等。

⑥ 经萎凋、干燥、拣剔等工艺制成，且存放三年或以上。

⑦ 茶叶成分发生缓慢转化。

黄茶是经过闷堆渥黄呈现“色黄、汤黄、叶底黄”的轻发酵茶，基本工艺流程是杀青、揉捻、闷黄、干燥。闷黄工序是形成黄茶品质的关键，主要是让茶叶中的叶绿素因热化而引起大量的氧化降解，同时多酚类化合物发生非酶性自动氧化和异构化，产生一些黄色物质[①]，从而降低茶汤的苦涩味，并形成黄茶特有的金黄色泽和较绿茶醇厚的滋味。黄茶依原料芽叶的嫩度和大小可分为黄芽茶[②]、黄小茶[③]和黄大茶[④]。

红茶的基本工艺流程是萎凋、揉捻、发酵、干燥，属于全发酵茶。所谓发酵，其实质是茶叶中原先无色的多酚类物质，在多酚氧化酶的催化作用下，氧化以后形成了红色氧化聚合物——红茶色素[⑤]。这种色素一部分能溶于水，冲泡后与未氧化的茶多酚一起构成红浓亮艳的茶汤和浓强鲜爽的滋味，一部分不溶于水，积累在叶片中，使叶片变成红色。红茶主要分为小种红茶、工夫红茶、红碎茶三大类。小种红茶是福建省的特产，有正山小种[⑥]、外山小种、烟小种。工夫红茶通常按产地命名，如祁

---

① 叶黄素显露。

② 如君山银针、蒙顶黄芽、霍山黄芽、莫干黄芽等。

③ 如雅安黄小茶、岳阳北港毛尖、宁乡沩山毛尖、远安鹿苑、秭归黄茶、平阳黄汤等。

④ 如皖西黄大茶、广东大叶青、英山黄大茶、贵州海马宫茶等。

⑤ 茶黄素、茶红素、茶褐素等。

⑥ 其分支有金骏眉。

红[①]、闽红[②]、滇红、宜红、宁红[③]、湖红、川红、粤红[④]、苏红、越红[⑤]、台红等，按所用原料的茶树品种分为大叶工夫和小叶工夫。红碎茶是鲜叶经萎凋、揉捻后，用机器切碎呈颗粒状碎片，然后经发酵、烘干而制成，也称“红细茶”[⑥]，主要有南川红碎茶、云南红碎茶、宜兴红碎茶。红碎毛茶经精制加工后产生叶茶、碎茶、片茶、末茶等四类花色。

乌龙茶的基本工艺流程是晒青[⑦]、晾青、做青[⑧]、杀青、揉捻、干燥，属半发酵茶，是介于不发酵茶[⑨]与全发酵茶[⑩]之间的一类茶，外形色泽青褐，也被称为“青茶”。乌龙茶冲泡后，叶片上有红有绿，有的叶片中间绿，叶缘呈红色，因此素有“绿叶红镶边”之美称，汤色黄红，含天然花香，滋味浓醇，具有独特的韵味。乌龙茶因产地品种的差异分为闽北乌龙、闽南乌龙、广东乌龙、台湾乌龙。闽北乌龙茶主要有武夷岩茶，其花色品种很多，常以花色品种名称命名，主要品种有水仙、肉桂、大红袍及其他奇种、

---

① 祁门工夫等。
② 坦洋工夫、政和工夫、白琳工夫等。
③ 宁红工夫、浮梁工夫。
④ 英德红茶、金毫红茶等。
⑤ 九曲红梅等。
⑥ 可装在专用滤纸袋中加工成袋泡茶。
⑦ 即萎凋。
⑧ 也称摇青。
⑨ 如绿茶。
⑩ 如红茶。

名枞。岩茶可分为岩水仙与岩奇种两大类，奇种分名枞奇种[①]和单枞奇种[②]。闽北水仙，主要有建瓯水仙、建阳水仙，闽北乌龙，因产地品种不同而有建瓯乌龙、南平乌龙、建阳乌龙、崇安龙须茶、政和白毛猴、福鼎白毛猴等。闽南乌龙茶中最著名的是安溪铁观音、黄金桂、闽南水仙，还有佛手、毛蟹、本山、奇兰、梅占、桃仁、香橼等，以这些品种混合制作或单独制作、混合拼配而成的乌龙茶，统称为“色种”。广东乌龙茶以凤凰单枞、凤凰水仙最为出名，岭头单枞、石古坪乌龙次之，再次还有饶平色种[③]。台湾乌龙茶包括台湾乌龙[④]和台湾包种[⑤]。清朝梁章钜的《归田琐记·品茶》将武夷岩茶概括为：茶名有四等——花香、小种、名种、奇种，茶品亦有“香、清、甘、活”[⑥]四等。闽南乌龙茶系，主要以香气见长，而闽北乌龙茶系则是以水醇[⑦]为胜，故此，有“南香北水”之说。乌龙茶的发源地是闽南，后由此传向闽北、广东和台湾。

黑茶的基本工艺流程是杀青、初揉、渥堆、复揉、干燥。黑茶一般是采用较粗老的原料制作而成，加工制作过程中堆积发酵

---

① 四大名枞：大红袍、铁罗汉、白鸡冠、水金龟，以及普通名枞，如十里香、金锁匙、不知春、吊金钟、瓜子金、金柳条等。

② 即以优良品种名称单独命名的岩茶，如奇兰、乌龙、铁观音、梅占、肉桂、雪梨、桃仁、毛猴等。

③ 由大叶奇兰、黄棪、铁观音、梅占等制成。

④ 冻顶乌龙，阿里山乌龙，东方美人茶即椪风乌龙等。

⑤ 有文山包种、南港包种、宜兰包种等。

⑥ 香而不清犹凡品、清而不甘则苦茗、甘而不活亦不过好茶而已。

⑦ 水更显醇厚、水中沉香。

的时间较长，因而叶色油黑或黑褐，故称黑茶[①]，属于后发酵茶，是我国特有的茶类。黑茶因产区和工艺上的差别分四川黑茶[②]、湖南黑茶[③]、云南黑茶[④]、广西黑茶[⑤]、湖北老青茶[⑥]、黑茯茶、陕西黑茶[⑦]、安徽古黟黑茶[⑧]。湖南黑毛茶条索紧卷、圆直，色泽黑润，汤色橙黄，叶底黄褐，香味醇厚，具有松烟香。黑毛茶经蒸压装篓后成天尖[⑨]、贡尖[⑩]、生尖[⑪]，蒸压成砖形的是黑砖、花砖及茯砖，还有经特殊工艺生产的花卷茶[⑫]等。云南黑茶是用晒青毛茶经潮水沤堆发酵后干燥而制成，统称为普洱茶。普洱茶的散茶条索肥壮，汤色橙黄，香味醇浓，带有特殊的陈香，可直接饮用。以这种普洱茶散茶为原料，可蒸压成不同形状的紧压茶——饼茶、茯茶、砖茶、紧茶、沱茶、金瓜贡茶、圆茶[⑬]等，

---

① 是加工紧压茶的主要原料。

② 如南路边茶的康砖与金尖，西路边茶的茯砖与方包、圆包，邛崃黑茶，雅安藏茶等。

③ 如安化黑茶。

④ 如普洱熟茶，有说从黑茶中分离出来，被列为独立茶系。

⑤ 如六堡茶。

⑥ 蒲圻、咸宁、通山、崇阳、通城等县，以老青茶为原料，经初制、渥堆、筛分、压制、干燥等工序制成的成品茶称为“青砖茶”。

⑦ 如泾阳茯砖。

⑧ 又称“安茶”，明末清初产于黟县及祁门芦溪，民间称为“软枝茶”。

⑨ 湘尖一号。

⑩ 湘尖二号。

⑪ 湘尖三号。

⑫ 包括万两茶、千两茶、百两茶、十两茶。

⑬ 即七子饼茶。

普洱茶饼的加工工艺为：晒青毛茶、毛茶拣剔、称茶、蒸茶、压制、定型脱模、茶饼干燥。广西黑茶除著名的苍梧县六堡茶[①]外，贺县、横县、岑溪、恭城、钟山、富川、贵县、三江、河池、柳城、玉林、昭平、临桂、兴安等县也产黑茶。

再加工茶是以茶叶的成品或半成品为原料加工而成，有花茶、紧压茶[②]、萃取茶[③]、果味茶[④]、香料茶[⑤]、袋泡茶[⑥]、药用保健茶[⑦]、含茶饮料[⑧]等。目前调味饮料茶主要包括果汁茶饮料、果味茶饮料、奶茶饮料、奶味茶饮料、碳酸茶饮料等。

花茶是利用茶叶中含有的高分子棕榈酸和萜烯类化合物善于吸收其他味的特点，用茶坯[⑨]和鲜花窨制而成的，亦称窨[⑩]花茶。花茶主要以绿茶[⑪]、红茶或者乌龙茶作为茶坯，配以能够吐香的

---

① 茶汤红、浓、醇、陈。

② 有云南紧茶、方茶，普洱砖茶、圆茶、饼茶，云南沱茶、金瓜贡茶、六堡茶、大红袍茶砖、黑砖茶、米砖茶、湘尖、花砖、茯砖茶、花卷茶、青砖茶，重庆沱茶、康砖、金尖、方包茶、圆包茶、固形茶等。

③ 即调味饮料茶、速溶茶、浓缩茶。

④ 有柠檬红茶、猕猴桃茶、荔枝红茶、桃汁茶、椰汁茶、山楂茶等。

⑤ 如用香荚兰素添加到茶叶中而制成的香兰茶。

⑥ 有纯茶型袋泡茶、保健型袋泡茶、混合型袋泡茶。

⑦ 有杜仲茶、降压茶、心脑健茶、抗衰茶、明目茶、益智茶、健胃茶、首乌松针茶、戒烟茶、菊花茶、减肥茶、天麻茶、枸杞茶、清音茶等。

⑧ 有茶可乐、茶露、茶汽水、多味茶、茶酒、牛奶红茶等。

⑨ 原料茶。

⑩ 同“熏”。

⑪ 烘青、炒青等。

鲜花作为原料，采用窨制工艺[①]，即将有香味的鲜花和新茶一起闷，茶将香味吸收后再把干花筛除制作而成的茶叶。窨花茶香气清悦芬芳，不闷不浊，滋味醇和鲜爽，不苦不涩。花茶的品类繁多，都是以窨制的香花名称冠在茶字之前而命名的[②]，如茉莉花茶、珠兰花茶、桂花茶、石斛花茶、玫瑰花茶、玉兰花茶、玳玳花茶、白兰花茶、栀子花茶、菊花茶和金银花茶等，是中国特有的一类再加工茶。花茶又可细分为花草茶和花果茶。饮用叶、花瓣或干花蕾制成的饮品称为花草茶，如荷叶茶、甜菊叶茶、玫瑰花茶、勿忘我花茶、金盏花茶、雪莲花茶、野菊花茶、紫罗兰花茶、洛神花茶等。饮用果实的称为花果茶，如无花果茶、柠檬茶、桔柚茶、山楂茶、罗汉果茶、有花果茶、蓝莓茶、红枣茶、桑葚茶等。

花茶集茶味与花香于一体，“茶引花香，花增茶味”，两全其美，相得益彰，既保持了浓醇爽口的茶味，又有纯清馥郁的花香，冲泡品啜，花香袭人，甘芳满口，令人心旷神怡。花茶不仅仍有茶的功效，而且其气味鲜灵芳香，也具有良好的药理作用，裨益人体健康。《本草纲目》记载：花茶性微凉、味甘，入肺、肾、经，有平肝、润肺、养颜之功效。鲜花[③]本身就具有独特的美容护肤作用。近代医学证明，长期饮用花茶有祛斑、润燥、明目、排毒、养颜、调节内分泌等功效。营养专家

① 包括窨花和提花两道工艺。

② 不包括拌花茶，拌花茶未经过窨花和提花工艺，不具备真正花茶的品质。

③ 金银花、玫瑰花、牡丹、贡菊、百合等。

认为：常喝鲜花茶，可调节神经，促进新陈代谢，提高肌体免疫力，其中许多鲜花可有效地淡化脸上的斑点，抑制脸上的暗疮，延缓皮肤衰老。有关学者还配有美容养颜的花草茶方[①]和减肥茶方[②]。不过还须注意，不少花可以入药，但都有一定的副作用，切不可随意将其作为保健品来饮用。花茶偶尔饮饮无妨，但几乎所有的花茶，都不能长期、大量、随意饮用，应根据人的具体情况来科学地选择。

据中国茶叶流通协会数据显示：2019年全国干毛茶产量为279.34万吨，较2018年增加17.74万吨，同比增长6.78%。茶叶国内销售量达到202.56万吨，较2018年增加11.50万吨，同比增长6.02%。2019年全国各茶类产量占比及全国各类茶销售总量占比如下图所示：

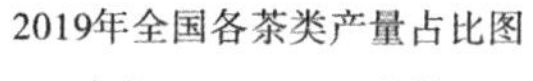

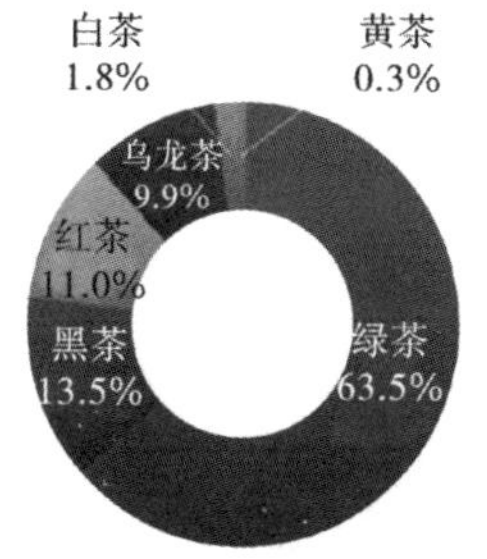

数据来源：中国茶叶流通协会

2019年全国各茶类销售总量占比图

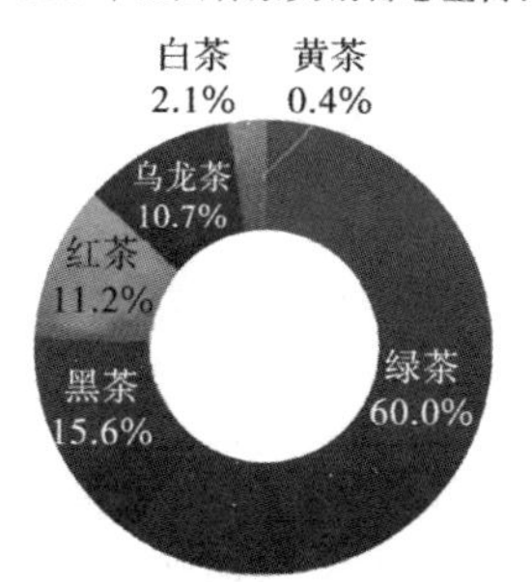

数据来源：中国茶叶流通协会

① 如醇香薰衣草红茶、菊花乌龙茶等。

② 如优酸乳减肥绿茶、柠檬汁减肥绿茶、苹果汁减肥绿茶。

二、茶的功能

据当代科学研究，茶叶中至今分离、鉴定的已知化合物达700多种，可分为水[①]、有机成分、无机成分三大部分，其中有机化合物就有500余种。茶多酚是茶叶中多酚类物质的总称，是茶叶中含量[②]最多的一类可溶性成分，也是茶叶发挥保健功效最主要的物质。茶多酚的主要化学成分有黄烷醇类、花色素类[③]、花黄素类[④]、酚酸及缩酚酸类等物质，其中尤以黄烷醇类[⑤]含量最高，占茶多酚总量的60%～80%。茶叶中还含有生物碱[⑥]、氨基酸[⑦]、蛋白质、糖类[⑧]、类脂[⑨]、果胶质、有机酸、色素[⑩]、维生素、脂多糖[⑪]、茶皂甙、酶类、芳香物质[⑫]等有机化合物；无机成分包括大量元素[⑬]和微量元素[⑭]等。在植物叶片中同时含有

---

① 鲜叶含水量一般为75%～78%。
② 占茶叶干重的15%～35%。
③ 主要是花青素与花白素。
④ 主要是黄酮类及黄酮醇类。
⑤ 儿茶素为主。
⑥ 其中咖啡碱占干茶重的2%～5%。
⑦ 其中茶氨酸占干茶重的1%～4%。
⑧ 分单糖、双糖、多糖如纤维素。
⑨ 主要是糖脂、中性脂、磷脂。
⑩ 叶绿素、类胡萝卜素等脂溶性色素，花青素、黄酮类等水溶性色素。
⑪ 由脂质和多糖构成的复合物。
⑫ 醇类、醛类和酚类等十余类。
⑬ 氮、磷、钾、钙、镁、硫、铝、铁、氯、锰、铜。
⑭ 锌、硼、钼、氟、钴、钠、硒、锶、铷、铬、镍、铅、镉、钒、钡、砷、碘、锡、铍、银、铋。

茶多酚和咖啡碱，并有如此高的含量，非茶叶莫属。儿茶素、咖啡碱和茶氨酸三者有无，可作为鉴别真茶与假茶的依据。

茶叶的品质主要由色、香、味、形等基本特征来体现。总的说来，茶叶有关色泽，大抵涉及红、橙、黄、绿、青、紫、棕、褐、黑、灰、白等颜色。

绿茶的干茶有翠绿、青绿、墨绿、黄绿、乌绿，以绿为主；茶汤呈鲜绿、清绿、绿中显黄、绿亮；叶底含翠绿、嫩绿、青绿、黄绿，也以绿为主。茶叶的绿色主要是由叶绿素决定的，但在感官上的嫩、润、黄等感受，又与茶叶中所含的果胶质和黄酮类物质的含量有关。叶绿素分深绿色①和黄绿色②两种。绿茶汤色的显黄，是由黄酮甙类物质及多种酚性物③的初级氧化物引起的。绿茶倘若贮藏不善，会出现黄色和褐色，黄褐色来自叶黄素、胡萝卜素及酚性物的初级氧化物。因此，绿茶须密封、低温储藏。白茶的白毫和幼嫩绿茶的白毫，都是茶叶中白色素④的反映。无色的儿茶素未经氧化，故而能使白茶⑤和绿茶⑥的嫩毫显白色。白色素在茶叶精制过程中，有时会由于机械的摩擦而产生银灰色。在绿茶的原料——鲜叶中含花青素较多时，叶底会出现靛青

① 主要是叶绿素 a。
② 主要是叶绿素 b。
③ 儿茶素等。
④ 芙蓉花白素、飞燕草花白素等。
⑤ 如白毫银针。
⑥ 如碧螺春。

色，花青素含量过多，加之在高温干旱季节，有的茶树会长出紫色芽叶[①]。

红茶一般呈乌黑或棕褐，也被称为乌润，高级的幼嫩红茶富有金黄毫[②]；汤色红艳、鲜红[③]，以橙红为主色；叶底呈橙黄明亮[④]、红亮[⑤]等色泽。乌润是在红茶加工过程中叶绿素分解的产物——脱镁叶绿酸、脱镁叶绿素及果胶素、蛋白质、糖类和酚性物的氧化产物附集于茶叶表面而呈现出来的。酚性物、儿茶素等因不适当的氧化聚合生成过量的茶褐素，会导致茶叶叶底乌暗[⑥]和茶汤呈暗褐色。橙红汤色主要是由茶中纯粹的儿茶素经氧化脱氢聚合转化成茶黄素和茶红素等色素决定的。橙红茶汤冷却后[⑦]，茶多酚及其氧化产物茶黄素、茶红素等与咖啡碱络合生成乳凝状物[⑧]，茶汤便会出现浑浊现象，并且这种化学反应是可逆的[⑨]。高级红茶的乳凝状物呈亮黄浆色，是理想的“冷后浑”。鼎鼎大名的星斗山利川红[⑩]具有玛瑙红、花蜜香、冷后浑三大特

---

① 如顾渚紫笋茶。
② 主要由茶黄素所致。
③ 高品质红茶汤在碗沿有明亮的“金圈”。
④ 主要因茶黄素较多所致。
⑤ 茶红素较多。
⑥ 类似于猪肝色。
⑦ 10℃以下，6℃左右。
⑧ 羟基和酮基间的 H 键缔合形成络合物。
⑨ 乳状物加温可恢复橙红汤色。
⑩ 经毛坝夹壁村大叶茶种中产生的一种变异种培育“毛坝 8 号”得来。

点的典型“自然味，香甜滑”，被誉为“茶中至味”。

乌龙茶干茶的色泽一般偏青褐，汤色呈黄红色，由于它是半发酵茶，鲜叶中的茶多酚被氧化的量相对减少，因此，茶黄素与茶红素的含量都较低，茶褐素很少。

黑茶呈灰橄榄色到暗褐色，这是由于茶叶中的酚性物在渥堆工艺过程中经受了外来微生物的作用，氧化并与氨基酸结合生成了黑色素。

茶叶的香型是人的味觉器官对各种香气成分的综合反应和协调感觉，大致可分为清香、嫩香、鲜爽香、毫香、奶香、花香、兰花香、荷香、栗香、豆香、火工香、岩韵、山韵、果味香、甜香、焦糖香、薯香、枣香、药香、参香、陈醇香、松烟香、糯米香、粗青气等。茶的香气主要是茶叶的芳香物质散发出来的。茶叶的香气成分在茶中的总含量虽是微小的，但它们的种类繁多，据气相色谱、质谱、极谱、红外和紫外光谱的分析，从茶叶中鉴定出的香气成分化合物不下 700 种。它们有的是鲜叶、绿茶、红茶共有的，有的是各自分别独具的，有的是在鲜叶生长过程中合成的，有的则是在茶叶加工过程中形成的，有酮类、碳氢化合物、醇类[①]、醛类、含氮化合物、酯类[②]及内酯类、酸及羧酸类、酚类、杂氧化合物、含硫化合物等，共十余类。其中鲜叶中就有上百种，

① 脂肪族醇类、芳香族醇类、萜烯醇类。

② 芳香族酯类、萜烯酯类。

经过加工制作[①]，种类大量增加。成品绿茶有260多种，红茶[②]产生的香气种类最复杂也最多，约400种。绿茶的香气成分[③]具备醇和的清香和花香，还有以吡嗪类、吡喃类及吡咯类的烘炒香为主的板栗香、焦糖香。蒸青绿茶除含有较多鲜爽型的沉香醇和沉香醇氧化物外，还有青草气味的低沸点芳香物质如已烯醇和具有清香的吲哚、海藻香的二甲硫，同时也带有具有花香的水杨酸甲酯、橙花叔醇、已烯乙酸酯等一些新茶香的芳香物质，颇令人喜爱。红茶的香气成分以醇类、醛类、酮类、酯类等最为突出，都具有果味香和花香。

茶中有青草气和粗青气，是由于其含有正已醛、异戊醇、烯、顺–3–已烯醇、顺–3–已烯醛等；具有清香的物质有反–2–已烯醛、反–3–已烯醇等；具有鲜爽香的物质含顺–3–乙酸已烯酯、顺–3–已烯醇与其他六碳醇、六碳酸、反–2–六碳烯酸以及一些五碳醇类、芳樟醇等；具有果味香的物质如苯甲醇、香叶醛、苯甲醛、茉莉内脂、水杨酸甲酯、醋酸苯乙酯、醋酸芳樟酯、反–2–乙酸已烯酯、橙花叔醇等；具有花香的物质包括苯乙醇、香叶醇、橙花醇、香草醇、乙酸香叶酯、乙酸橙花酯等[④]，茉莉酮、乙酸苯

① 生物化学变化。
② 通过深刻的生物氧化还原反应。
③ 如正壬醛、顺-3-乙酸已烯酯、反-3-已烯醇。
④ 玫瑰香型。

甲酯[①]，苯丙醇[②]，芳樟醇[③]，α－紫萝兰酮、β－紫萝兰酮[④]，邻－氨基苯甲酯[⑤]，苯乙酸苯甲酯[⑥]，顺－茶螺烯酮[⑦]等。

茶叶的滋味是人的味觉器官对茶叶中呈味成分的综合反应，或是各种呈味成分对人的味觉器官协同作用的结果。这些呈味成分[⑧]含量的多少，彼此之间的比例的改变，都深刻地影响着茶汤的滋味。氨基酸[⑨]在绿茶中占有非常重要的地位，是鲜爽味的来源。“醇”[⑩]是氨基酸与茶多酚含量比例协调的结果，“鲜”是氨基酸的反映，两者协调，醇鲜自生。可溶性肽类和核苷酸、琥珀酸也可以使茶汤呈鲜味。可溶性糖、低分子氨基酸等是产生甜味的要素。酚性物[⑪]是涩味[⑫]的主要成分。嘌呤碱[⑬]、花青素、茶皂素等使茶呈苦味，唐代皮光亚就说茶是“苦口师”[⑭]。茶的酸

---

① 茉莉花香。
② 水仙花香。
③ 玉兰花香。
④ 紫萝兰香。
⑤ 橙花香。
⑥ 蜂蜜甜香。
⑦ 鲜爽甜花香。
⑧ 糖类、氨基酸、酚性物及其氧化物、有机酸、嘌呤碱、茶皂素等。
⑨ 茶氨酸、谷氨酸、谷氨酰胺、天冬氨酸、天冬酰胺等。
⑩ 可简单理解为“可口”。
⑪ 儿茶素、茶黄素。
⑫ 人的口腔黏膜接触特定物质后产生的物理性收缩反应。
⑬ 尤其是咖啡碱。
⑭ “未见甘心氏，先迎苦口师。”

味物质主要来自有机酸、抗坏血酸、茶黄素和部分氨基酸[1]。“浓”即“浓厚”，水浸出物多，茶汤的可溶性物质含量高，酚性物及其氧化物、其他呈味成分高和非呈味成分果胶素含量高等，都会使茶汤浓厚，给人一种味浓感。“强”即“强烈”，主要是儿茶素及其氧化物达到一定含量后，使人有刺激性的感觉。茶中的无机盐是其呈咸味的主要成分，由于含量过低，达不到咸味的阈值[2]，又有其他滋味[3]的掩蔽，以至不易察觉。

茶叶的外形主要是由加工制作过程中物理作用形成的，但不排除一定的化学变化。鲜叶经过一定的加工过程，加之使其成形的技术措施，并通过干燥使形固定下来，这才形成一定的茶类特征。茶叶的外形有条形、扁形、针形、圆形、片形、卷曲形、尖形、螺形、花朵形、颗粒形、团饼形、方块形等。

常言道：饮茶要新，喝酒要陈。著名的“茶墨之争”相传是在一次斗茶会上，苏轼的白茶[4]占了上风。司马光想出题压压苏东坡的气焰，便笑问“茶欲白，墨欲黑；茶欲重，墨欲轻；茶欲新，墨欲陈，君何以同爱两物？”众人听了拍手叫绝。苏东坡从容不迫的回答[5]也令与会者信服。新茶有两种含义：一是将当年

① 特别是谷氨酸、天冬氨酸等二元氨基酸和它们的酰胺化合物。
② 对人的呈味器官起味觉的临界值。
③ 苦、涩等。
④ 其当时还带了隔年的雪水，因水质好，因此茶味纯。
⑤ 将附于本书结尾。

春季从茶树上采摘的头几批鲜叶，经加工而成的茶叶，称为新茶，于是有“抢新”“新茶上市”“尝新”之说；二是称当年采制加工而成的茶叶为新茶，上年以及更长时间的茶叶，经严妥保管，茶性良好的则为陈茶。宋代唐庚《斗茶记》载：“吾闻茶不问团銙，要之贵新，水不问江井，要之贵活。”有相当多的茶叶品类，新茶比陈茶好，新茶的色香味形，给人以新鲜的感觉[①]。隔年陈茶，无论是色泽还是滋味，总有“香沉味晦”之感。这是因为茶叶在光、热、水、气等的作用下，其中的一些酸类、酯类、醇类维生素类物质，发生氧化、缩合、降解、异构及缓慢挥发，而叶绿素受热、光[②]易分解、脱镁变色等原因，形成了与茶叶品质无关的其他化合物，而为人们需要的茶叶有效品质成分含量却相对减少，最终使茶叶的色、香、味、形向着不利于茶叶品质的方向发展，产生了陈气、陈味和陈色。不过也有茶叶品种适当贮存一段时间后，茶叶品质并未降低，反而显得更佳，如西湖龙井、洞庭碧螺春、莫干黄芽、顾渚紫笋等，在生石灰缸中贮放1～2个月，更有清香纯洁之感[③]。另外，武夷岩茶、湖南黑茶、湖北茯砖茶、广西六堡茶、普洱茶、老白茶等，若存放得当，隔年陈茶反而更加香气馥郁、滋味醇厚。这是因为茶叶缓慢陈化形成的陈气和少

---

① 崭鲜喷香。

② 特别是紫外线。

③ 原来的生青味逐渐消失，代之以醇和的滋味、厚实的芳香，称为“后熟”过程。

量霉菌产生形成地霉气，两气相混，和谐相调，结果产生了一种被人们喜爱的新香气。

陈宗懋先生在一次采访中说：为证明茶叶成分可以抑制癌细胞生长繁殖，茶叶具有抗癌活性的功效，作为药物而出现的话，至少一定要通过四个阶段。第一阶段是活体外实验，将肺癌细胞、胃癌细胞和茶叶的有效成分茶多酚放在一起培养，观察它对癌细胞的生长是否有抑制作用，研究者在二十世纪八十年代做了大量实验，观察的结果是具有抑制作用。第二个阶段是小白鼠活体内实验，即同时给小白鼠投喂亚硝胺等致癌物和茶叶，观察其身体反应，结果表明茶叶中的有些成分可抑制癌细胞生长、繁殖。第三个阶段是用人来做实验，证明茶叶对人绝对没有坏处。我们观察患有前列腺炎的人发展为前列腺癌的比例，连续一年喝茶叶成分EGCG[①]的人患癌的比例比吃安慰剂[②]的人患癌的比例低近90%，由此可见，茶确实可以预防癌症。第四阶段是流行病学，其一是将8600人分为三组，即分为不喝茶、喝茶、喝很多茶三组，连续观察12年，每年年底检查血液、血脂以及各种疾病，其结果表明喝茶的人可以预防癌症，可使癌症延期发生，喝茶的人即便发展成癌症但肿瘤较小，不喝茶的人肿瘤规模较大，喝茶的人比不喝茶的人寿命长；其二是中国、美国、英国联合组织200万

① 绿茶提取物表——儿茶素没食子酸脂。

② 无好处也无坏处。

人，将其分为不喝茶、每天喝茶低于 5 克、每天喝茶 5 至 10 克、每天喝茶大于 10 克的四组进行流行病学实验，结果显示饮茶低于 5 克的人的死亡率是 0.86，相对减少了 14% 的死亡率，饮茶 5 至 10 克的人的死亡率是 92%，相对减少 8% 的死亡率[①]，饮茶大于 10 克的人的死亡率是 0.79，相对减少 21% 的死亡率。

茶多酚等化合物在各类茶品中的含量、状态和结构都不同。因此，不同的茶类，具体功效也有所不同。目前已知确定的茶叶功效主要集中在以下几个方面：

防癌。绿茶防癌作用最好，红茶第二，这与其富含的儿茶素（$C_{15}H_{14}O_6 \cdot H_2O$）有关。日本对 8000 多人跟踪 10 年的流行病学研究证明，每天喝 10 杯绿茶可延缓癌症发生，女性平均延缓 7.3 年，男性 3.2 年。现有技术还不能完全把茶叶中抑制癌症的成分当成抗癌药物，但饮茶可以抑制癌症的观念在美国、日本等地已被大众接受。

降血脂、降血压。茶叶中所含的茶多酚可以促进脂肪消耗，起到减肥、降脂的作用。黑茶和乌龙茶的降血脂、降血压效果最好。

预防心血管疾病。红茶和绿茶的效果最好。日本的流行病学研究表明，心血管疾病发生的几率，每天饮茶 10 小杯，和每天喝少于 3 杯的相比，男性可减少 42%，女性可减少 18%。坚持喝茶能降低冠心病的死亡率。

---

① 人群之间误差很大，但总的趋势是一致的。

防龋齿。这是因为茶多酚类化合物可以杀死残留在口腔中的龋齿细菌，并让其难以附着在牙齿表面。另外，茶叶中的氟也有坚齿作用。

抗过敏。茶叶中的儿茶素有抗过敏的功效，对海鲜、花粉过敏的人可多喝茶。

最新研究指出，常喝茶可降低老年人认知功能减退的风险，对神经退行性疾病如阿尔茨海默病[①]具有一定的预防功效。

茶不是药，但茶可以预防和减轻疾病，可以提高人体对疾病的免疫力。

茶叶的内含物质十分丰富，不同的茶类由于原料的不同、加工工艺的显著区别，所制成的干茶的物质成分及其含量也是有差别的，现就茶叶主要的内含物质的具体功效做以下简述：

茶叶中的茶多酚[②]及维生素C具有很强的抗氧化性和生理活性，可以清除体内的自由基，能分泌出对抗紧张压力的荷尔蒙。茶多酚是水溶性物质，用它洗脸能清除面部的油腻，收敛毛孔，具有消毒、灭菌、抗皮肤老化，减少日光中的紫外线辐射对皮肤的损伤等功效。茶多酚可以阻断亚硝酸胺等多种致癌物质在体内合成，并具有直接杀死癌细胞、抗肿瘤和提高肌体免疫力的功效。茶多酚还有助于抑制心血管疾病，可以使斑状增生受到抑制，使

① 俗称老年痴呆症。
② 茶黄素功能类似。

增强血凝黏度的纤维蛋白原降低，凝血变清，以降血脂、血压，从而抑制动脉粥样硬化。茶多酚还有较强的收敛作用，对病原菌、病毒有显著抑制和杀灭作用，对消炎止泻也有明显效果，也有对重金属的毒害进行解毒的功能。研究证明：1毫克茶多酚清除对人体有害的过量自由基的效能相当于9微克超氧化物岐化酶，大大高于其他同类物质。据有关资料显示，茶叶中的茶多酚，对胃癌等多种癌症的预防和辅助治疗，均有裨益。我国有不少医疗单位应用茶叶制剂治疗急性和慢性痢疾、阿米巴痢疾、流感，治愈率达90%左右。另外，绿茶中含有丰富的儿茶素，有助于脂肪的分解，可减少腹部脂肪。

经油脂抗氧化活性的测定、抑菌性试验、安全性评价和应用研究，茶叶的天然抗氧化剂有诸多特点：抗氧化的效力强，对动植物油脂都有抗氧化作用，与维生素E、维生素C有协同作用，能提高维生素、胡萝卜素的稳定性，对酸、热比较稳定，有抑菌作用，安全性高，能抑制亚硝酸盐的形成，应用领域广。

茶叶中所含的咖啡碱（$C_8H_{10}N_4O_2$）能促使人体中枢神经兴奋，增强大脑皮层兴奋过程，起到提神、益思、清心的效果。饮茶能降脂助消化，唐代《本草拾遗》中对茶的功效有“久食令人瘦”的记载，这是由于茶叶中的咖啡碱和黄烷醇类等化合物能提高胃液的分泌量，增强消化道蠕动，帮助消化。饮茶有明显的利尿效应，这种利尿作用据报道是可可碱、咖啡碱和芳香油等综合发生作用的结果。茶的利尿作用，是使尿液中的乳酸获得排除，从而使疲劳的肌体获得恢复。同时，咖啡碱具有强心、解痉、松弛平滑肌的功效，能解除支气管痉挛，促进血液循环，是治疗支气管哮喘、止咳化痰、心肌梗塞的良好辅助药物。在此需要特别提到的是茶叶中的咖啡碱不会在人体内积累，可完全排出体外，比合成咖啡碱更有优势。

茶叶中的氨基酸[①]能促进神经生长，提高记忆力，增加肠道有益菌群，减少血浆胆固醇，还可以降压安神，能明显抑制由咖啡碱引起的神经系统兴奋。

茶多糖能降血糖、降血脂、防止糖尿病、抗凝血及血栓，还能防辐射、抑制动脉粥样硬化、保护心血管、调节人体免疫功能等。

茶叶中的维生素类物质[②]具有抗氧化[③]、抗衰老、解毒等功效，对消化系统疾病、眼病等也有疗效，还有一定的护肤养颜、辅助治疗口腔溃疡、预防痔疮和黄褐斑等功效。

茶色素是茶体有色物质的总称，一般分为脂溶性色素[④]和水溶性色素[⑤]。脂溶性色素主要有叶绿素、类胡萝卜素[⑥]。水溶性

---

① 春茶高于夏秋茶。

② 维生素 C、肌醇、B 族维生素，维生素 P、H 等水溶性维生素和维生素 A、D、E、K 等脂溶性维生素。

③ 减轻电脑辐射导致的过氧化反应。

④ 对干茶和叶底色泽有影响。

⑤ 对茶汤起作用。

⑥ 如胡萝卜素、叶黄素。

色素来源于鲜叶中的天然色素、花青素、花黄素等和茶叶加工过程中形成的茶黄素、茶红素、茶褐素。董建文先生的《茶色素的医学效应评价（摘要）》总结了茶色素在冠心病、脑血管病、肿瘤、老年痴呆症、高原病、糖尿病等方面的功效，尤其是与药物配合治疗的临床应用效果①非常显著。茶色素“一品多能”的复式效应在治疗高脂血症时可改善血脂代谢、改善微循环、降低血液粘度，同时还起到清除自由基、抗血凝、促纤溶、降血压、抑制心肌肥大、抗动脉粥样硬化、抗脂质过氧化、升高白细胞数量及增强免疫力、抑制肿瘤、缓解痛风等作用，被赞为“药物中的绿色黄金”、茶叶中的“软黄金”。

芳香物质②是茶叶中易挥发性物质的总称，常温下多数为油状液体，呈无色或微黄色，大多具有香气，对光、热、氧气极为敏感，容易转化为其他物质或起氧化加成作用，使茶叶失去香气。这也是茶叶需要避光、低温、密封保存的原因之一。芳香物质的酯类、酚类、醛类能够消炎、镇痛、祛痰，可用于杀菌消毒防腐药物；醇类可以刺激胃液分泌，增强胃的吸收机能；酸类化合物对黏膜、皮肤及伤口有刺激作用，并有溶解角质的功能。

白居易说：“醉对数丛红芍药，渴尝一碗绿昌明。”酒后解酒，唯茶是好。酒后饮浓茶有利于解酒。人喝酒后主要靠人体肝脏中酒

---

① 即临床数据。

② 一般只占干物质的 0.02% 左右。

精水解酶将酒精分解为水和二氧化碳，这需要维生素C作为催化剂。酒后喝几杯浓的绿茶或乌龙茶，一方面可以给机体补充维生素C，另一方面是茶叶中的咖啡碱有利尿作用，能把酒精迅速排出体外。茶还可以稀释酒精，促进胃肠蠕动，减少酒精的吸收。酒醉的人往往因为大脑神经呈现麻痹状态而产生头晕、头疼和身体机能不协调等现象，喝浓茶[①]可刺激大脑中枢神经，使人的大脑兴奋、清醒，有效地促进代谢作用，因而发挥“醒酒”的效能。

唐代陈藏器《本草拾遗》说：“诸药为各病之药，惟茶乃万病之药。”宋代林洪《山家清供》说：“茶，即药也。煎服，则去滞而化食。”明代于慎行《榖山笔尘》称茶能“疗百病皆瘥[②]”。从上古神农时期至今，都载有茶与中医药的密切联系，甚至有些中药处方中[③]含有茶叶的制剂，可见茶的药理特性。1983年林乾良先生提出“茶疗”。狭义的茶疗，仅指应用茶叶，不加任何中西药，这是茶疗的基石与主体。广义的茶疗，指可在茶叶外酌情加适量的中、西药物，构成一个复方来应用，也包括某些复方中无茶，但在煎服法中规定用“茶汤送下”的复方。中医认为药物有五性，即寒、凉、温、热、平；五味，便是酸、甘、苦、辛、咸。《新修本草》和《本草纲目》认为茶“微寒”“味甘、苦”，甘者补而苦则泻，寒凉之性的药物可以清热、解毒。

① 主要是其中的咖啡碱成分。

② 病愈。

③ 如竹沥茶。

茶书类、医药类、史料类、诗词类、神异类、注释类、地理类等典籍，从气味厚薄、天人合一、升降、归经等理论阐述茶的功效，大致可以归纳为二十四项：解毒、少睡、安神、明目、清头目、止渴生津、清热、消暑、消食、醒酒、去肥腻、下气、利水、通便、治痢、去痰、祛风解表、坚齿、治心痛、疗疮治瘘瘘、疗饥、益气力、延年益寿和其他不成系统者。现代茶学科研又将茶叶对人体健康的药效作用归纳为预防衰老，提高免疫性，坚齿防龋，兴奋提神，明目利尿，改善血液循环、降血脂，减肥以及预防心血管疾病，降血压、降血糖，助消化，消炎、灭菌、抗病毒，消臭、醒酒、解毒，抗过敏，抗焦虑及对神经退化性疾病的预防，抗癌及抗突变。抗癌及抗突变的机理主要有：1. 抗氧化作用。2. 对致癌过程中关键酶的调控[①]。3. 阻断信息传递[②]。4. 抗血管形成机制[③]。5. 细胞凋亡作用[④]。此外，茶叶中的有效成分还有抗溃疡活性、保护肝脏功能等。咀嚼干茶可减轻孕妇的妊娠期反应以及因晕车、晕船引起的恶心……

清代蒲松龄为搜集创作素材而常年在村口设茶摊，“以茶换故事”不胫而走，最终成就了《聊斋志异》这一不朽杰作。他的

---

① 茶能明显抑制一些引发或促发癌症发生的关键酶和提高人体中有益的解毒酶的活性。

② 指抑制与病理过程有关的信息传递也可以抑制致病过程。

③ 儿茶素类化合物可抑制与肿瘤有关的血管形成。

④ 细胞程式化死亡。

《药学方》则在实践经验的基础上调配出一种康寿的药茶方子——菊桑茶，既止渴，又健身治病。菊花有补肝滋肾、清热明目和抗衰老的功效；桑叶有疏散风热、润肝肺肾和明目益寿之效；枇杷叶性平、味苦，能清肺下气、和胃降逆；蜂蜜具有滋补养中，润肠通便、调和百药之效。四药合用，聚精会神，相得益彰，是清热、明目、补肾、抗衰老的良方。

通观古今茶书典籍，有许多名茶传说都是伴随着“治病疗疾、健身清神”等救急需要而起源的，如蒙顶玉叶、擂茶、庐山云雾、信阳毛尖、碧螺春、大红袍、西湖龙井、白毫银针、松萝茶等，说的往往都是在医药已经束手无策时，这些奇茗却做到了“药到病除”，而且常年采饮，常年无病，周身健爽，故而被奉为“仙药”“神茶”加以保护、敬养，甚至被列为“贡茶”“御茶”。传说归传说，现已无法考证，不管是否能当真或有几分接近真实，但这些传说对名茶的品饮、利用、传承、发展，是有积极意义的。

随着科学技术的进步，茶除了作为饮料以外，还被开发出了其他一些利用途径，并已渗透到食品、医药、日化、轻工、化工以及建筑、纺织、养殖、采矿、旅游等行业，显示出茶业的无限生机和广阔前景。茶的综合利用不仅丰富了茶叶这一科学领域，同时也实现了茶的深度加工和多次增值，提高了茶叶生产的经济效果。茶叶生产过程中的许多副产物，诸如茶灰、茶末、茶籽、茶籽饼粕，茶根树干及茶籽油[①]、茶籽壳[②]等，都能成为具有一定价值的工业原料，并在实践中得到应用。

茶籽榨油以后的饼粕中含有一定量的茶皂素，是由皂甙元[③]、糖体和有机酸形成的结构复杂的混合物——一种无色无灰的微细柱状结晶体[④]。其味苦而辛辣，具有很强的起泡力，较好的泡沫稳定性和天然表面活性[⑤]，优良的湿润性、分散性和一定的溶血作用，在药理方面具有祛痰消炎、镇痛止咳以及抗菌等多方面的效用。茶皂素用以去污可制成洗涤剂或洗理香波；用以乳化可生产新型石蜡乳化剂、隔水剂；用于农药能制成农药湿润剂[⑥]；用于建筑材料能生产加气混凝土稳泡剂，以便制造轻质新型混凝土材料[⑦]和混凝土外加剂——防冻剂等。

既然走笔到我所在的建筑领域，我便多说几句。加气混凝土是以硅质材料[⑧]和钙质材料[⑨]为主要原料，掺加引气剂，通过配料、搅拌、浇注、预养、切割、蒸压、养护等工艺过程制成的轻质多

① 山茶科的茶籽油都属于不干性油。
② 果壳、种壳。
③ 即配基。
④ 三萜五环类皂甙。
⑤ 显著降低液体表面或界面张力。
⑥ 加工成固体或液体农药。
⑦ 引气和稳泡等关键技术。
⑧ 砂、粉煤灰及含硅尾矿等。
⑨ 石灰、水泥。

孔硅酸盐制品[①]。由于它具有容重轻、保温性能高、吸音效果好和可加工等特点，同时又有一定的强度，已被广泛用于工业与民用建筑，尤其是高层或超高层建筑[②]。广义的加气混凝土包括加气混凝土砌块[③]、泡沫混凝土和加了引气剂的混凝土。加气砼、普通砼、特重砼和添加其他外加剂或掺合料[④]的混凝土等作为承重或非承重的建筑材料，早已被普遍应用且还将继续大量使用于建筑领域。茶皂素在制造加气砼稳泡剂[⑤]时作为非常关键的成分起到了举足轻重的作用。茶的鲜叶原料之于成品茶，就如原材料质量之于工程实体质量。只有保证原料的高品质，才会有产成品的高质量。依理，真正的好茶必以种植或野生的好茶树的鲜叶原料为前提[⑥]。优质茶叶原料经采摘[⑦]、加工制作、分选鉴评、包装、贮运、经济贸易等一系列过程，最终到达消费者杯中，与优质建筑原材料经加工为成品或半成品材料、搬运、施工、养护、检测、质评、验收等实际工期[⑧]，最后移交到用户手中一样，都遵循“其揆一也”[⑨]的道理。为保证所有过程或在有效期内达到并保持质

---

① 俗称“人造石”。
② 减轻自重。
③ 分为非承重砌块、承重砌块、保温块。
④ 抗渗、防冻、早强、减水、缓凝、聚合物、纤维。
⑤ 茶皂素能有效地降低加气砼的气泡体系的表面张力，起到稳泡效果。
⑥ 必要条件。
⑦ 鲜叶采摘好是做好茶的前提，若采不好，就永远挑不干净。
⑧ 与计算工期、计划工期、变更等有关。
⑨ 出自《孟子·离娄下》。

优甚至精品要求，呼之欲出的共识就是品牌。对此，中天控股集团楼永良先生在 2019 年 3 月 27 日就品牌这一主题发表热情洋溢的致辞“建 · 筑美好”时，提出“真心、用心、初心”六字箴言，耐人寻味。“其中，真心就是要落实在诚信上、落实在质量上、落实在员工上，把发自内心的真诚作为行动的准则；用心就是比别人下的功夫要多、下的功夫要深、下的功夫更有效果，精益求精；初心就是要不忘初心。”优秀茶叶品牌的运作亦是如此。

随着茶叶天然产物的化学研究，人们不断从茶叶中发现有益于人类身体健康的营养成分和药效成分。目前广泛应用的有茶叶天然咖啡碱、茶叶口腔消臭剂①、茶叶天然色素②、茶叶天然抗氧化剂、滋补强身的红茶菌等。我国茶园总面积为 4597.87 万亩，其中，可采摘面积为 3690.77 万亩，但适采茶园的茶青采摘量只有不到 30%，其余 70% 的茶青被老在茶树上。大多数茶叶里只有约 30%③ 的水溶性成分④，大概有 70% 的水不溶物被当成茶渣丢掉⑤，这么一算，仅仅 9% 的茶叶功能被传统茶业所利用。因此，现代茶业的空间十分巨大。茶树全身是宝，根、茎、叶、花、果实、种子都可以被深度开发、全价利用。茶的产业链纵向长，横

---

① 茶入牙膏。

② 绿、黄、红、橙、褐、黑等色素。

③ 湘西黄金茶接近 50%。

④ 溶于茶汤品饮。

⑤ 茶渣水可泡脚、减轻脚臭。

向也广，除最传统的茶叶之外，现代茶业还可用于生产固体和液体茶饮料[①]、茶食品[②]、茶提取物[③]、茶衍生产品[④]、茶艺术品[⑤]、新型茶产品[⑥]……

唐代王敷的《茶酒论》叙述了“茶跟酒由辩论尊卑、争夺功勋、舌枪激战”到“水出来解围圆场，平息和好”的故事。而现代已有不少用茶发酵造酒的方法了，如以茶为原料用发酵技术酿成的现代版茶酒、用化学技术合成茶的风味物质进而配制出来的茶味酒，还有研究用茶叶和粮食进行二次复合分步发酵，得到一款全新的茶酒。至此，茶与酒真正融合在一起，才有了绝妙的表达方式。现代茶科学把茶叶里天然的风味物质和功能性成分提取出来，和大食品行业结合，它们之间能互为取长、成全彼此。茶让食品更健康，食品让茶具有更广阔的发展空间。

---

① 如速溶茶、茶浓缩汁、调味茶饮料、茶汤饮料、复合茶饮料。

② 如茶糕点、茶糖果、茶蜜饯、茶瓜子、茶含片、茶冰激凌、茶叶果冻等。

③ 如茶多酚、咖啡碱、茶氨酸、茶黄素、茶多糖、茶蛋白和膳食纤维等。

④ 如茶牙膏、茶香皂、茶酒、茶醋、茶面膜、茶口红等。

⑤ 如茶树根雕、生肖茶饼、茶香丝巾等。

⑥ 如低咖啡碱茶、超微茶粉、γ－氨基丁酸茶、茶花茶、浆茶、冷冻湿茶、新香味茶、冷泡茶等。

湖北名优茶

湖北有鄂西北秦巴山、鄂西武陵山及宜昌三峡、鄂南幕阜山、鄂东大别山和鄂中大洪山等五大优势茶区。放眼全国四大一级茶区，鄂西处在江南茶区最西端，紧邻西南茶区。江南茶区位于中国长江中、下游南部，为中国茶叶主要产区，年产量大约占全国总产量的 2/3。茶园主要分布在平原及丘陵[①]地带，少数在海拔较高的山区。这些地区气候温和湿润[②]，四季分明，年平均气温为 15℃～ 18℃，年降水量 1400 ～ 1600 毫米[③]，几乎都是“高山出好茶”的名茶产区。

古云“雾锁千树茶，云开万壑葱，香飘十里外，味酽一杯中”。

---

① 坡地。

② 大部分属于中亚热带季风气候。

③ 浙闽赣边境的仙霞岭和武夷山降水量可达 1800 毫米以上。

宋代陈襄的《古灵山试茶歌》说："……露芽吸尽香龙脂……香尘散碧琉璃碗。""高山出好茶"，"山明水秀茶佳"，是由于高山具有适合茶树生长的天然生态条件的缘故，是高山气候条件、土壤因子以及植被等综合影响的结果。茶树受灵秀高山的抚育，得终年云雾的滋润，使高山茶有芽叶肥壮，节间长，颜色深绿，叶质柔软，茸毛多；成品茶叶条索紧结、肥硕，茸毫显露，香气馥郁持久[①]，滋味浓厚甘爽，耐冲泡等品质特征。

气温通常随着海拔每提高 100 米而降低 0.5℃～ 0.6℃，而温度决定着茶树酶的活性，进而又影响到茶叶的化学物质的转化和积累。在海拔 2000 米以内的高山，降雨量是随着海拔高度的升高而增加的。在水分充足的情况下，芽叶光合作用形成的糖类化合物缩合会发生困难，纤维素不易形成，茶树的新梢就可以保持鲜嫩而不粗老。同时，充沛的雨水能促进茶树氮代谢，使鲜叶中的全氮量和氨基酸增多。高山的昼夜温差大[②]、湿度大、雾露多，可使红、橙、黄、绿、蓝、靛、紫可见光中的红黄光得到加强，而红黄光的加强有利于提高茶叶中叶绿素和氨基酸的含量。现代茶学研究表明，茶多酚和儿茶素会随着海拔的升高而减少[③]，氨基酸和不少芳香物质却随着海拔高度的增加而增加，这就为茶叶滋味的鲜爽甘醇和茶叶香型提供了物质基础。

---

① 有时带有自然花香。

② 白天合成较多有机物，夜晚降低了有机物的消耗。

③ 涩味减轻。

土壤的物理组成[1]和化学成分[2]与茶树的生长密切相关。高山茶园土壤风化比较完全，石砾较多，质地疏松，通透性好，且有机质和各种矿质元素[3]一应俱全，使茶树生长健壮，茶叶的有效品质成分和各种保健营养素极为丰富。平地茶园土壤较为黏重，结构差，肥力较低，有机质和矿质元素等营养物质[4]不及高山茶园，因而其茶叶的香气、滋味、汤色等较高山茶逊色。

高山茶园周围峰峦叠翠，自然群落和植被繁茂，不但有利于调节茶园的空气湿度，增加地面覆盖度，从而改善茶园的温湿条件和增加土壤肥力，而且更主要的是高山茶园的光照[5]达到了茶树生长的适宜条件。茶树在自然状态下[6]很少是纯林，且多与壳斗科[7]、樟科、木兰科、木犀科、桑科、桦木科、山茶科、冬青科、蔷薇科、金缕梅科等常绿植物林混生，而且往往是居第二、三层的下木，它们高低匹配，相依栖息，相得益彰。厚朴、樟树等高大，枝叶较稀疏，为茶树调节阳光、温度、湿度；茶树较低，枝叶茂密，为樟树护土、增肥、消除杂草藤蔓的纠缠之忧。这就形成了能够维护生态平衡的樟茶植物群落结构和樟茶并茂[8]的景

① 颗粒。
② 肥力。
③ 包括茶树所需的大量元素和各种微量元素。
④ 养分。
⑤ 时间短、强度低。
⑥ 栽培例外。
⑦ 栎、栲、槲等属。
⑧ 利川忠路镇杨家坡村有厚朴、桂花、梅花、红豆杉与茶树并茂的高山生态茶园。

观。宋代宋子安《东溪试茶录》说："茶宜高山之阴，而喜日阳之早……皆高远先阳处，岁发常早，芽极肥乳……而岗阜环抱，气势柔秀，宜乎嘉植灵卉之所发也。"古人认为山地阳坡有树木荫蔽的茶园[1]，其茶叶品质最佳。现代茶学研究表明，茶树需要在一定光照条件下进行光合作用，以制造有机物质，但以弱光照为宜，尤其需漫射光。高山茶园较多的漫射光给茶叶的生化变化带来深刻的积极作用，促使其含氮化合物的增加，对改善茶品质十分有利。

2015年，中国农业国际合作促进会茶产业委员会发起并评选出"中国三十座最美茶园"和"中国十佳茶旅路线"，其中有一座就在恩施鹤峰。"天下皆知美之为美"[2]，高山茶园之美，与其用言语描述，倒不如看图。

鹤峰木耳山生态茶园 / 吴胜宇供图

恩施土家族苗族自治州位于湖北省西南部，地处鄂、

① 《茶经》"阳崖阴林"。

② 出自《老子》。

湘、渝交汇处，位于东经108°23′12″～110°38′08″，北纬29°07′10″～31°24′13″，西连重庆市黔江区，北邻重庆市万州区，南面与湖南湘西土家族苗族自治州接壤，东连湖北省十堰市神农架林区、湖北省宜昌市五峰土家族自治县和秭归县。在二十世纪三四十年代的特殊时期，恩施曾“连任”湖北省会七年。恩施州属亚热带季风性山地，气候湿润，冬少严寒，夏无酷暑，雾多寡照[①]，年平均气温16.2℃[②]；雨量充沛，年平均降水量1600毫米；平均海拔1000米以上，东北部[③]最高可达3005米，海拔落差大，垂直差异突出，小气候特征明显，存在“一山有四季，十里不同天”现象；森林覆盖率近70%，空气中负氧离子含量平均为30000个/cm^3，部分地区高达100000个/cm^3[④]，享有“鄂西林海”“华中药库”“天然氧吧”“世界硒都”[⑤]的美誉。恩施全州茶园面积达170万亩，规模居全省首位，在全国地市州级产茶区中居第四位。硒[⑥]是人体必需的14种微量元素之一，是谷胱甘肽过氧化物酶[⑦]的重要组成部分[⑧]，可用于动物营养、代谢、繁殖、免疫以及临床保健。近几十年来，越来越多的研究发现，硒具有抗氧化、

① 山大人稀云雾多。
② 高山7.8℃。
③ 巴东。
④ 中国七大“洗肺城市”之一。
⑤ 2011年授予。
⑥ Selenium。
⑦ Glutathione peroxides。
⑧ 每一个谷胱甘肽过氧化物酶分子有4个硒原子。

延缓衰老、清除自由基、防癌抗癌、调血脂防血栓、保肝护前列腺、抑菌、抗有毒害金属、增强人体免疫力等生物医理功能，因而有“生命的火种”“天然解毒剂”“心脏的守护神”等美誉。人体缺硒会造成重要器官的功能失调，导致许多严重疾病[①]的发生。恩施是一片神奇的土地，是全球唯一探明有独立硒矿床的地方。地质探明该硒矿床处于恩施市新塘乡双河向斜北西翼的中段，主矿床呈板块状结构，核心矿区范围长6千米，宽1.5千米，面积0.88平方公里，含硒量均值3637.5mg/kg，品位在230～6300mg/kg。恩施州二叠纪含硒石煤[②]的出露面积约850平方公里，储量高达50多亿吨。2016年，恩施州新发现4条硒矿石带[③]，全州富硒土壤面积达到1.33万平方千米[④]。恩施茶园大多为富硒酸性土壤，茶园土壤pH值基本在4.0～5.5之间[⑤]，是茶树生长的理想之地，适宜制作名优茶和精品茶。受富硒岩层影响形成的大片富硒土壤区域内，农产品如茶叶、土豆、水稻、玉米，饲草饲料，畜牧产品，中草药……中的硒含量为世界之最。因此，硒茶就是茶与硒最完美的结合。据有关专家论证，每日饮用2～3杯硒茶，是缺硒人群补硒的最好途径。但是，“土壤[⑥]和食品中的硒含量过高，

---

① 克山病、大骨节病等。

② 含硒碳质页岩。

③ 2条位于新塘乡，1条位于沐抚办事处，1条位于巴东县野三关镇。

④ 占总面积的55%。

⑤ 这个范围内有利于茶树对土壤中硒的吸收。

⑥ 如渔塘坝。

则存在硒中毒风险。经过人为调节的恩施芭蕉玉露茶园的土壤、茶叶的硒含量相对稳定、安全，属于普通富硒地区。玉米、土豆和黄豆三种作物中的硒含量则略高于茶叶中的硒含量，但远远低于遏蓝菜中的硒含量。”①

我的老师张良皋教授②在《武陵土家》一书中这样介绍武陵地区：“武陵山发脉于贵州江口、印江、松桃三县交界的梵净山，东北行，穿过川东南，主脉成为湘鄂界山……武陵山及其西北作为川鄂界山的巫山山脉，都是由地质史上的‘燕山运动’造成的‘褶皱’……被雕凿成极为复杂的‘喀斯特’地貌，到处是奇峰、悬崖、峡谷、洞穴，另外也还有发育完善、景象壮观的‘丹霞地貌’。即使请高明的现代地理学家来用文字描述这一地区，也难免顾此失彼，可以想见古人闯入这一地区，不啻进入地理大迷宫……号称‘神秘北纬30°’的纬线，横穿土家分布区，自西向东，石柱县城、利川忠路、宣恩县城、鹤峰湾潭、松滋刘家场等，都落在此线上。环球此线所经，多高山、荒漠、大泽……对人类并不‘友好’，颇有文明湮灭，故而号称‘神秘’。此线在中国六次穿过长江干流，是区分南北中国的一条重要地理纬线。同样富于地理意义的东经110°纵贯土家分布区，自北往南，穿过建始、鹤峰、桑植、永顺、古丈、泸溪。这根线大致是中国东西两部的

① 详见郭宇博士论文。

② 1923—2015，2013年获评“中国民族建筑事业终身成就奖”。

分界线……最接近这两根经纬线交界的县城是鹤峰，即古容美土司的治所，就此意义而言，武陵土家地处‘中国之中’。”再有，“武陵的奇峰异洞、悬崖巨瀑，可与世界上任何风景区媲美。更值得称道的是这里有着几乎四季如春的气候。在这段北纬 30° 线上，往东的武汉，往西的重庆，都得‘火炉’雅号，居然有这么一大片清凉世界就在跬步之间。仅就避暑的作用而言，我们称武陵地区为‘南中国的瑞士’绝不为过……这里得天独厚，在‘神秘北纬 30°’线上，算得仙乡福地。”在建筑领域，张先生对土家吊脚楼[①]及整个西南地区干栏建筑[②]的研究十分深入，尤其对鄂西地区贡献巨大。恩施大峡谷[③]、沐抚四绝壁、四渡河谷云海、梭布垭石林、建始景阳河清江峡谷、唐崖土司城址、黄金洞、宣恩彭家寨[④]、腾龙洞[⑤]、苏马荡、鱼木寨、卯洞、佛潭摩崖造像、杨梅古寨、神农溪、柴埠溪[⑥]等皆因张老师以身试险勘探，并撰文极力推介或呼吁保护而驰名中外，有的被列为全国文保单位，甚至被评为世界文化遗产。有些景区的诗词题刻[⑦]就出自张先生之手。张老先生以建筑学为切入点，跨界史学、地理学、文学、

① 《老房子——土家吊脚楼》。

② 《张良皋文集》《中国建筑艺术全集——西南少数民族卷》《中国民族建筑——湖北卷》。

③ 媲美科罗拉多大峡谷。

④ 吊脚楼群的明珠。

⑤ 优于美国的卡尔斯巴德洞。

⑥ 胜似张家界。

⑦ 如腾龙洞。

水利学、湿地植物学、红学[①]、人类文化学等领域，兼攻诗、书、画、印、摄影等[②]，进而探索人类文明起源，其专著《武陵土家》《匠学七说》《巴史别观》《蒿排世界》并称为“占源四简”。张良皋先生的纪念馆分别设在宣恩彭家寨和恩施林博园。

国外有一项被称为“猎点极限运动计划”的新兴运动，其所猎的点是由地理经纬定位机制随机选定，这些点大多是整数经度和整数纬度相交的特殊点。2006 年 7 月 23 日，鹤峰女青年王婧等 5 人组成的定位小组，在鹤峰县中营镇龙家湾村陈家湾岭海拔约 905 米的一处灌木林中，准确定位到北纬 30°00′ 000″ 与东经 110°00′ 000″ 的交叉点[③]。从恩施往鹤峰的道路[④]游观，大多是弯曲狭险的悬崖走廊、幽深秀美的峡谷、雄奇壮丽的雕崖峭壁，可谓景色珍奇、风光险绝，开车大概要 4 个多小时。尽管鹤峰在鄂西“施鹤八属”中交通最不便利[⑤]，却是有名的“万里茶道茶源地”，先后被授予“中国茶叶之乡”“全国无公害茶叶基地示范先进县”“全国十大生态产茶县”等称号，全县茶园面积近 40 万亩，通过杭州中农质量认证中心有机[⑥]认证的茶园面积达

① 《曹雪芹佚诗辨》。
② 《闻野窗课》。
③ （Confluence）。
④ S233、G351。
⑤ 很显然，现今愈是偏僻遥远、人迹罕至之地，就愈是绿色生态。
⑥ 含转换。

10.66万亩[①]，其中达到欧盟有机标准的有3073亩[②]。北纬30°现象使恩施躲过了第四纪冰川运动的侵袭，成为许多珍稀植物的避难所，曾被世界科教文卫组织评定为最适合人类居住的环境之一。

本文重点乃是茶，但作为茶树、茶叶的承载基础——特殊的地理及土壤，不得不先笔登场。

言归正传，在恩施富硒的土壤上种植、采摘、加工的茶叶统称为“恩施富硒茶”，若按照恩施玉露标准加工制作的就是“恩施玉露”。诚然，我们可以说恩施富硒茶是湖北优秀茶中的一个“真子集”[③]，恩施玉露无疑是这优秀中的优秀。

自三国时就有“荆巴间采叶作饼，叶老者饼成，以米膏出之，欲煮茗饮”的记载[④]。东晋有“又巴东别有真茗茶，煎饮令人不眠”。南朝亦传“巴东有真香茗，其花白色如蔷薇”[⑤]。唐时即有“施州方茶”[⑥]。北宋更有施州“八香饼茶”和“研膏茶”[⑦]。明朝徐学谟纂修《万方历湖广总志·卷第十二·方产》时说：“施州：茶，有探春、先春、初春，又有玉香[⑧]、研膏二品。”明代

---

① 全国有机茶第一县。

② 符合国际有机农业运动联合会IFOAM标准。

③ 部分之于整体的数学概念。

④ 《广雅》。

⑤ 《述异记》。

⑥ 《膳夫经手录》。

⑦ 黄庭坚茶诗词。

⑧ 蒸青散茶。

黄一正《事物绀珠·卷十四·食部·茶类》载："今茶名：茶、茗、蒙山茶、雷鸣茶、仙人掌茶……龙井茶……紫清茶、香城茶、饶州茶、南康茶、九江茶、吉安茶、崇阳茶、嘉鱼茶、蒲圻茶、沙溪茶、荆州茶、施州茶……建始茶……真香……南木茶、骞林茶、探春、先春、次春[①]"。《大清一统志·卷二百七十四·施南府》云："土产：茶，施州卫志卫境出。"恩施产茶与历史一脉相承。清代康熙十九年（1680年），恩施芭蕉侗族乡黄连溪蓝耀尚先生沿袭汉魏至唐代[②]以来的蒸汽杀青技艺始创恩施玉露，并经七代掌墨师[③]的家族传承至清末民初而赫赫有名，后历经几度兴衰，直到21世纪初才渐渐重现光辉[④]、发扬光大，迄今已有340年的历史了。蓝氏自垒茶灶，亲自焙茶，因其成品茶叶色绿、紧直如针、毫白如玉，始称"玉绿"。据民间调查，"创始之初，蓝氏精挑细选鲜叶，慢火精搓细焙制作，成茶条索圆直、叶色翠绿、香鲜味爽，品质优异，然而产量不奢，实为稀有难得之物，被民间誉为'蓝氏稀焙'。康熙二十五年（1686年）蓝氏所制茶叶被征为敬奉官府的礼品，备受职官们喜爱。康熙五十五年（1716年），施州州官将蓝氏玉绿朝贡给康熙皇帝，从而使其名声大振。"清末民初，土家族居民设厂剽学仿制，同时外地茶商也来此竞相

① 以上三者，明朝建宁贡茶。

② 采、蒸、捣、拍、焙、穿、封。

③ 掌握核心技艺者。

④ 政府及恩施玉露茶产业协会、专家、企业等组织的共同努力。

效仿，以社会传承为主体的“双轨模式”出现了，也开启了恩施玉绿传统制作技艺异姓社会传承的先河。1937年春，国民政府中央经济部及各大私营厂商在上海筹备成立中国茶叶公司。抗战爆发后，中国茶叶公司迁往汉口。1938年春，中国茶叶公司派寿景伟、范和钧、戴啸洲、冯绍裘、王乃赓、张石城等人到恩施，由湖北省第七区农场租拨五峰山隙地5亩，并在接管五峰山李姓地主的产业以及范前、伍凤鸣、陈少斌置办的加工场、设备和茶园的基础上，开设中国茶叶公司恩施茶场，改银针、瓜片、菊花形茶制作为“玉绿”焙制。翌年，茶场改为中国茶叶公司直属恩施实验茶厂，同时在芭蕉乡建分厂，其分支机构遍布芭蕉朱砂溪、宣恩庆阳坝、鹤峰留驾司、五峰渔洋关等地，当时生产的绿茶主要就是恩施玉绿。1942年，中国茶叶公司撤销了在湖北的机构，其主要人员转入湖北省平价物品供应处制茶部，1945年抗战胜利，湖北省平价物品供应处制茶部改为湖北省民生茶叶公司。后因五峰山鲜叶自然品质优良，加之制茶工艺日臻完善，其茶叶香鲜味爽，外形色泽翠绿、白毫显露，观其形毫白如玉、会其神珍贵如玉[①]，故改名为“恩施玉露”。陈宗懋主编的《中国茶经》的“茶产品篇·清代名茶”和《中华合作时报》2004年6月9日刊登的文章《清代名茶》均列有“恩施玉露，产于湖北恩施，

① “绿”与“露”在恩施方言中同声同韵，读lú、lǔ位音。

属细嫩蒸青绿茶”。“温故而知新”[①]，解析茶名能使人增长知识，增加见闻，欣赏茶名还能促使人们忆古思今，展望未来。我们理应秉承“求是”文化[②]，向历史、向开创者致敬！[③]

“恩施市东郊，巍峨奇特的五座山峰骈联，倚江崛起。这里气候温和，雨量充沛，朝夕云环雾绕，山下滔滔清江环抱；山坡缓园，峪地平阔，砂质壤土，深厚肥沃。良好的生态环境[④]，不但促进了茶树健壮成长，而且促使茶树代谢旺盛，内含的叶绿素、蛋白质、氨基酸和芳香物质特别丰富”[⑤]。20 世纪 80 年代起，随着城镇建设的发展，五峰山的大面积土地被充满商业喧嚣气氛的“建设”所占领。2005 年，恩施玉露的主产地又返回到了它的发祥地——恩施市芭蕉侗族乡，继而又拓展到包括舞阳坝、屯堡、沐抚办事处（包括大峡谷）、板桥、白杨坪、白果、龙凤、太阳河、沙地、红土、新塘、盛家坝、崔坝、三垡等乡镇，现很多区域已实施地理标志产品被保护起来。这些产区内，地形、地势、地貌多样，结构复杂，山峦起伏，崇峰叠嶂，形成了高山、二高山和低山组合，呈现典型的立体气候特点。最奇特的地方有恩施大峡谷及鹤峰县，“自然风貌神奇瑰丽，奇石嶙峋、松竹滴

① 《论语·为政》。
② 《说文》释为“求真”。
③ 竺可桢先生于西迁时期提出“求是”精神。
④ 气候、富硒酸性土壤。
⑤ 《中国茶经》。

翠，鬼斧神工；峡谷深涧、洞府幽幽、流水潺潺；凌云栈道，蜿蜒勾挂于悬崖峭壁，氤氲叆叇；信步遨游，如浮云天。村落之中，处处云连屋，家家水抱林，幽兰林下正芬芳，好一个童话世界，一派勃勃生机！”丘陵山地，坡圆峪平，砂壤土层上松下实，对水、热的缓冲性能良好，湿不停浆，干不结板。这是农、林、茶以及药等多种作物的适生地，其土壤条件、降水量、温度、湿度、光照和空气质量等均适合茶树生长发育和繁衍。这片沃壤，特别有利于茶树氮素代谢，所产芽叶的叶绿素、蛋白质、氨基酸、糖类及芳香物质含量均高，所制茶香高、味醇。

《茶经》界定“茶之为用，味至寒”。然而恩施玉露，性俭而中和[①]，造型优美，独具匠心，堪称工艺精品，素以“形美、色绿、香高、味醇”四绝闻名遐迩。选择节间较短、芽长于叶、叶形狭长、梗叶夹角小、叶色深绿、叶质柔软、叶绿素和蛋白质及氨基酸含量高、茶多酚含量低的茶树品种的鲜叶做原料为优，如恩施苔子早、恩施苔子茶、龙井 43 号、浙农 117 号、鄂茶 14 号[②]、鄂茶 10 号、鄂茶 1 号以及级别较高的鲜叶。据测定，恩施苔子早的几种主要生化成分含量适中，配比适当：氨基酸 2.58%，叶绿素 0.267%，可溶性糖 3.45%，茶多酚 28.60%。

恩施玉露的传统古法手工制茶技艺分为鲜叶摊放、蒸汽杀青、

① 胃不好的体质也无影响。

② 即玉露 1 号。

扇干水汽、炒头毛火、揉捻、铲二毛火、整形上光、烘焙提香、拣选[①]，共九道工序，其中每一道工序对温度和含水率等参数的控制都有相应的标准要求，是所有绿茶制作工艺中最复杂的一个典型代表[②]。现代科研经验总结的机械化与连续化加工制作工序是摊青、蒸青、回潮、揉捻、动态烘干、理条、精揉、固形提香、精制。蒸汽杀青是通过高温水蒸气[③]超强的穿透性穿透芽叶组织，短时间内[④]破坏和钝化青叶中的氧化酶活性，阻止多酚类物质被氧化，同时使其散发青草气[⑤]，发展良好香气，并促进酯型儿茶素、蛋白质、糖类等多种内含物质水解转化，使细胞膨胀压减小，叶质变软，韧性增强。相比炒青、烘青等工艺，蒸汽杀青技艺[⑥]最大限度地保留了茶叶中的营养元素，更充分地体现了茶的真色、真香、真味。揉捻包括迴转揉和对揉两个过程，主要是为了揉破细胞壁，使茶叶内在的营养物质[⑦]能够渗透出来附着于茶叶表面。整形上光是使茶叶状如松针、油润、翠绿非常关键也是对技艺要

---

① 拣选后用牛皮纸包好置石灰缸中封藏。

② 其他还有庐山云雾、井冈翠绿、新江羽绒茶、九龙茶、蒙顶甘露、青城雪芽、峨眉毛峰、文君绿茶、紫阳毛尖、仡佬玉翠、金香品雪茶、圣水毛尖、虎狮龙芽、信阳毛尖、涌溪火青、碣滩茶、古丈毛尖、石门银峰、南岳云雾茶、长沙东湖银毫、湘波绿、狗脑贡、江华毛尖、华顶云雾、龙岩斜背茶等。

③ 150℃～180℃。

④ 30～50秒。

⑤ 青叶醇、青叶醛。

⑥ 烹饪也有清蒸法。

⑦ 汁液。

求极高的一步，它分为两个阶段：第一阶段为悬手搓，把“铲二毛火”后的茶叶放在焙炉盘[①]上，两手心相对，拇指翘起，四指向内弯曲，捧起茶叶悬空，左手中指、无名指和小指钩住茶团稍向后搓，右手四指伸直挟住茶团与左手同步向前搓转，大约搓至右手掌心与左手弯曲的三个指尖相对位置时，立即两手腕部向上抖动式曲提，然后迅速复位至两手心相对，如此重复搓转，使茶条呈细长圆形，色泽油绿，茶团柔软，茶条既不黏手又不相互黏连成团。茶叶约七成至七成半干度时[②]，转入第二阶段——依托搓。依托搓紧接悬手搓进行，此阶段将悬手搓制的茶叶放在温度为80℃～100℃的焙炉盘上搓制，采用“搂、端、搓、扎”四种手法交替进行，直到干燥程度适宜为止。搓茶施力的原则是“轻—重—轻”，要求4/5的茶叶控制在手中，茶墩既不散乱，也不成死团，自始至终保持一种松泡柔软的状态。需要注意的是，不断搓揉茶叶成针形的过程中，会把茶叶表面的茸毛一并搓掉，从而使茶叶看起来更显绿润有光泽，整形是目的，结果附加了上光。这种方法所制成的茶叶，外形条索紧圆光滑、纤细挺直，形似松针，色泽苍翠绿润，1973年在广州交易会以“松针”之名出现时，深受日本客商青睐。1995年日本茶学专家、农学博士清水康夫教授在品啜恩施玉露之后，欣喜万分，题笔称誉“恩施玉露，温

① 80℃～120℃。

② 含水量25%～30%。

古知新”，流露出溯源之意。日本丰茗会理事长松下智先生更是在其大著《中国名茶之旅》中颂扬：“恩施玉露有极好的香气，并且其浓郁的味道比起日本玉露，有过之而无不及。”陈宗懋院士曾赏鉴恩施玉露并题词“恩施玉露，蒸青明珠”。施兆鹏先生也偕同茶学专家在芭蕉品评恩施玉露，欣然挥毫赞美“恩施玉露，茶中极品”。

杨胜伟先生从几十年的实践中，挖掘民间茶农的零散技艺，探究恩施玉露的来龙去脉、历史渊源、传承和发展等相关资料，撰写并出版《恩施玉露》。他在书中提出了加工恩施玉露的“工艺温度域”[①]概念和“偶数法则”，系统总结了其操作技术，如把住“鲜叶采管和及时快速加工”两个环节；熟练运用“搂、端、搓、扎”四大手法；紧扣“蒸、扇、炒、揉、铲、整”六大核心技术；谨记“冷热分明，正点投叶”八字要诀；掌握“稳、适、并、顺、高、小、转、轻、紧、不”十大技术要领，从而确立了“恩施玉露”传统制作技艺的理论体系，规范了操作[②]技术规程，深度阐述了制茶工艺，剖析了品质形成原理以及归纳品质审评的方法。杨先生老骥伏枥，永秉初心，用执着而严谨的治学精神和对事业崇敬的热忱，身体力行，传道授业，感染着恩施乃至全国一代代新茶人，在清贫的岁月中义无反顾，默默耕耘，砥砺前行，

① 低温、常温、适温、中低温、中高温、高温。

② 生产、加工。

对于品牌建设，尤其是在完成“恩施玉露地理标志证明商标”的过程中，与诸多同仁胸怀正义之心、走正义之道，攻坚破垒、难中克难，可谓“矢志不渝、锲而不舍”，为振兴恩施玉露做出了不可磨灭的贡献。

恩施玉露，1965 年被评为“中国十大名茶”，2007 年由中国国家质量监督检验检疫总局批准实施“地理标志产品保护”，2008 年被湖北省农业厅授予“湖北省第一历史名茶”称号，2009 年 6 月，获国家工商行政管理总局商标局批准注册为“恩施玉露地理标志证明商标”。2014 年，“恩施玉露传统制作技艺”被列入《国家非物质文化遗产保护名录》。2015 年，“恩施玉露”的商标被国家工商行政管理总局商标局认定为“中国驰名商标”，“恩施玉露茶文化系统”被国家农业部办公厅认定为“第三批中国重要农业文化遗产”并授牌。2016 年 12 月，“恩施玉露制作技艺”被国家民族事务委员会认定为首批“少数民族非物质文化遗产”。

恩施玉露的玻璃杯简易冲泡方法[①]：

1. 选用透明玻璃杯，倒入开水至杯容的三分之一，稍微倾斜旋转一周，将整个杯壁烫一遍，即“温杯”；

2. 倒掉温杯的废水，立即投入 2 ～ 3 克干茶[②]，即“置茶”，

① 其他器具泡法请阅参考文献。

② 书本上建议茶水比 1 ： 50，我比较惜茶，口味也偏淡，一般投 2 克。

然后便可闻干茶的香气[①]；

3. 注入热水[②]少许，大致可以浸润茶，即“润茶”或“醒茶”[③]，同样可以嗅香[④]，细闻溶于水后的茶汤香气；

4. 沿杯壁缓慢[⑤]续水 150 ～ 200 毫升[⑥]，泡 5 ～ 30 秒[⑦]，可将茶汤倒至另外一个玻璃杯或公道杯[⑧]，即“出汤”，公道杯的茶汤再分给[⑨]各茶杯[⑩]，期间可以观察茶汤颜色和叶底，闻香品茗[⑪]，一定要记得出汤，不然茶叶泡久了会显苦，苦味会掩盖其鲜甜味且不利睡眠[⑫]；

---

① 半分钟。

② 水温 75℃～ 85℃，绿茶含维生素 C、叶绿素，千万不能用沸水。我个人经验是：夏天将烧开的沸水，打开烧水壶的盖用电风扇吹 8—10 分钟，冬天自然摊凉 5 分钟，水温刚好，此时手握杯壁不会烫手。

③ 使茶叶舒展，溢出内含物质。

④ 半分钟。

⑤ 细水长流，与西湖龙井的“凤凰三点头”不同。

⑥ 七分满。

⑦ 时间依个人口味及冲泡次数。

⑧ 茶海。

⑨ 分茶。

⑩ 品茗杯。

⑪ 审香气和滋味。

⑫ 苦茶提神显著。

恩施玉露 / 蓝波 摄

5. 重复第 4 步，可以继续泡茶，温度和出汤掌握得好的话[①]，一般可以泡 5 ～ 6 杯，茶味依然很足[②]。

以上所述乃“下投法”，明代张源《茶录》中还记有“中投法”“上投法”，各有其千秋。

蒸青不但使干茶色泽青绿[③]光润、匀整挺直，而且茶的汤色

① 依个人经验。
② 恩施玉露是耐泡的绿茶之一。
③ 或墨绿。

也会清澈淡绿，叶底嫩绿明亮[1]，绿绿的，天然的，给人以非常美的视觉享受，品茶人的鼻孔靠近杯口仔细闻叶底[2]，也有香甜味。我特别喜欢闻干茶香气[3]，温杯后的热量能有效地激发出干茶的香气。这种香是蒸青茶叶本身的、内在的清香[4]，与炒青或烘青等产生的豆香、栗香、高火香等不同，也会带有花香、海藻香，但其本身的内在香是占主导地位的。芳香扑鼻，感觉“绿叶兮素华，芳菲菲兮袭予”[5]似的陶醉其中。每次沏茶冲泡，茶叶在水的作用下复展如生，旋转徐徐向上舞动，宛如少女亭亭玉立，继而又沉降杯底，平伏完整。若采用“上投法”，则在置茶的过程中，可观赏“茶针”一根根地陆续款款落下，尽显其曼妙、优雅！饮其茶汤，醇鲜爽口。品茗尤其与饮者的主观意识及所处的环境有关，既可狂饮，也可小酌，每个人的主观感受都有所不同。我一般开始是小酌，将其含于嘴里转一圈，以舌体会茶的真味，再由茶汤顺喉自然滑入，然后趁热大口一饮以解渴解馋，便能立即感觉到茶能活舌生津，润唇、润喉、润身、润心，舒舒服服，心恬神宁，如雨之润花，犹水之溉稻，待解渴之后再浅饮慢品，以体察其回甘、余香[6]，体会这种心旷神怡、宁静致远的满足感。

---

① 与干茶、茶汤并称三绿。

② 冷嗅。

③ 干嗅。

④ “茶有真香，非龙麝可拟”。

⑤ 《楚辞·九歌》。

⑥ 齿颊留香。

陆羽的《茶经》说："乘热连饮之，以重浊凝其下，精英浮其上[①]。"我一好友品饮恩施玉露之后感叹道："绿绿的，香甜香甜的，喝出了春天的味道，甚为满意。"清代梁章钜的《归田琐记·品茶》称赞说："活之一字，须从舌本辨之，微乎微矣，然亦必瀹[②]以山中之水，方能悟此消息。"然而，任何事物都并非十全十美，恩施玉露也不例外，其唯一的缺点就是容易断碎。这是由于其加工工艺造成的，针形茶含水率低[③]，在制茶过程中以及后面的包装、运输等环节都会对其造成一定影响，但这无损于恩施玉露的口味分毫，"小疵不掩大醇"。

顶级玉露，像润邦公司的"恩施玉露·长龄1299"可冲泡12～15泡[④]，其干茶翠绿、茶汤清绿、叶底嫩绿，茶汤具有独特的兰花香味和醇厚舒服的口感[⑤]，清香氤氲，回甘悠长。其茶园基地位于恩施大峡谷的长岭岗，海拔1299米，负氧离子含量极高。茶树扎根于富含腐殖质和矿物质的烂石砾壤[⑥]，这里终年树木葱茏、云蒸霞蔚、怪石嶙峋、峡谷深峭，茶树汲大地之灵气、吸日月之精华，正如"野芳发而幽香，佳木秀而繁阴"[⑦]。茶中

① 茶叶在冲泡过程中，可溶性有效成分被渗出，应当及时饮用，对健康更有好处。

② 煮。

③ 绿茶国家标准为不超过6%，有的企业标准是4.8%。

④ 在绿茶族中令人惊叹。

⑤ 鲜爽。

⑥《茶经》："上者生烂石/野者上"。

⑦ 欧阳修。

汁满叶厚，营养物质极为丰富，干茶硒含量 1299ug/kg 以上[①]，硒在茶叶冲泡后浸出 6% ～ 30%。有了天时、地利，再加上高手拣选上等原料[②]精工细作[③]，所制成的茶叶必将弥足珍贵。“长龄 1299”便是 2018 年 4 月 28 日习主席和印度总理莫迪在武汉东湖进行国事茶叙时所使用的接待绿茶。同年 7 月 12 日，我国外交部与湖北省政府在北京举行湖北全球推介活动——“新时代的中国：湖北从长江走向世界”时，“恩施玉露”“利川红”再次成为国际焦点，蜚声中外！2019 年 10 月，第七届世界军人运动会期间，“恩施玉露”“利川红”作为“硒茶香飘飘”的杰出代表，在接待了来自世界 109 个国家的军人、友人、嘉宾等后，更加声名远扬、如雷贯耳。

稍晚于《徐霞客游记》的顾彩《容美纪游》，记录了作者游览容美[④]的所见所闻。顾彩在万人洞观景品茶，诗兴大发，赞美鹤峰茶[⑤]色香味俱美，“好茶得入朱门里，瀹以清泉味香美。”顾彩颂叹美好泉水，作《万人洞观龙湫》：“离奇幽窦玉泉嵌，

---

① 恩施各乡镇所产恩施玉露含硒均值为 350ug/kg，与浙江、福建、安徽等地的茶相比，同比其上限值增长 179.5%，尤其是沐抚、沙地等富硒区，茶叶含硒量竟高达 3800 ～ 5100ug/kg。原农业部发布的《NY / T600—2002 富硒茶》规定富硒茶的硒含量为 250 ～ 4000ug/kg。

② 《东溪试茶录》“芽择肥乳，则甘香而粥”。

③ 人和。

④ 鹤峰古称“拓溪”“容美”“容米”“容阳”。

⑤ 峒茶、茗贡、容美贡茶，是早期土司向皇帝进贡的珍品，一直流传着“白鹤井的水，容美司的茶”传说。

鬼斧曾将混沌劙。界断空青施板筑，倒垂钟乳下松杉。千溪吼瀑龙埋蜕，五月凄风剑出函。此水未经鸿渐[①]品，至今埋没在尘凡。”容美诸多洞内曾出土箭簇、剪刀、灯盏、茶杯、茶叶盒等珍贵文物。号称“中国之中”的鹤峰[②]，有着绮丽壮观的木耳山生态有机茶园[③]、中营及百鸟村有机茶园、邬阳林间茶园和下坪桃花茶园，即便走马观花也令人如痴似醉，十分养眼[④]，另外还保存着天然的景观资源如屏山峡谷[⑤]、董家河[⑥]、溇水画廊悬空球、五龙山、木林子自然保护区、将军岩、壶瓶山大峡谷、杨柳池以及丰富的历史文化遗址。得天独厚的生态环境、自然风光和人文文化孕育出了鹤峰茶的“清甜香、醇鲜味”。明代田九龄的《茶墅》说：“旗枪布处枝枝翠，雀舌含时叶叶青。”鹤峰茶的特点是条索紧细圆直，色泽翠绿显毫，汤色嫩绿明亮，香气清高持久，茶汤鲜爽醇厚，叶底嫩绿匀整，天然含硒。2008 年 2 月，国家农业部发布《农产品地理标志管理办法》，同年 7 月，“鹤峰茶”成为第一个获得农产品地理标志的茶叶区域公共品牌。鹤峰茶是指在鹤峰县域内种植加工制成的茶叶的总称，其主要代表有走马红、

---

① 陆羽。
② 空气质量居全州第一，山川壮丽、物品丰繁。
③ 世界茶谷。
④ 绿色护眼。
⑤ 中国版仙本那。
⑥ 九重谷奇观。

容美宜红、皇后鹤红、怡情香国、绿林翠峰[①]、走马翠毫、骑龙有机茶[②]、隆国翠芽、鑫丰绿茶、黄金芽、白茶、绞股蓝[③]、青钱柳茶[④]、荒野茶、土司黑茶、鹤峰黄金乌龙等。据《“宜红茶”源流考》一文考证，宜红茶是由广东茶商林紫宸和卢次伦于清光绪十八年[⑤]来鹤峰创立的，制造地在宜市[⑥]泰和合茶号，由鹤峰走马转运宜都至汉口，随即定名“宜红”。因精制宜红茶的原料——毛红茶要经过萎凋、揉捻、发酵、干燥四道初制工艺，还要经过筛分、切轧、风选、拣剔、烘焙、拼配等其他精制过程，颇费工夫，故又称“宜红工夫茶”，是中国工夫红茶的三大品牌之一[⑦]。鹤峰是宜红古茶道[⑧]的源头[⑨]，以古容美、五里坪、留驾司、百顺桥、北佳坪、五家山、云梦山、南村、岗坪、燕子坪、南渡江为集中点。西起容美土司南府遗址，连三坡古茶道，东接五里坪泰和合茶厂，是宜红古茶道中最重要的一段，沿途遍布古茶园、古茶树、古水井、古驿站、古桥梁、古碑刻、骡马店、古茶号、古茶庄。鹤峰的溇

① 此茶滋味独特。
② 陈宗懋院士为其题词说“云雾好茶、香高味醇”。
③ 属葫芦科，有别于平利绞股蓝。
④ 属胡桃科。
⑤ 1892 年。
⑥ 石门、鹤峰、五峰两省三县交界之地。
⑦ 另两大工夫红茶是宁红、祁红。
⑧ 千沟万壑中的石板古道。
⑨ 宜红文化源于湘鄂边。

水文化[①]、民族民俗文化、容美土司文化[②]源远流长，县博物馆陈列有土家吊脚楼[③]、开脸、土家族挑绣[④]、土家织锦[⑤]、土家竹编、虎纽錞于、巴士甬钟、土家打溜子、摆手舞、柳子戏[⑥]、穿号儿、围鼓、傩愿戏、满堂音、山民歌[⑦]、梯马歌、撒尔嗬[⑧]、田氏诗派、抗倭平叛、湘鄂边苏区革命文物、碑林等众多文化艺术瑰宝。茶叶产业[⑨]是鹤峰的支柱产业，鹤峰人民“因茶致富，因茶兴业”[⑩]，坚定不移走茶叶“全域有机”发展之路，奋力打造“茶旅融合”[⑪]“世界有机茶加工制作交易中心”“品牌茶文化”“智慧茶业”“数字茶业”等百亿茶产业。

宣恩茶叶久负盛名，万寨乡伍家台村伍昌臣于乾隆年间开垦荒地，发现野生茶树，遂培植茶园，精心采摘并研制茶叶。“此茶非同一般，独具特色：味甘，汤色清绿明亮，清香幽长，似熟板栗香；泡头杯水，汤清色绿，甘醇初露；二杯水，汤色浑绿

---

① 刘家河遗址跨越东周至宋代。

② 元代至清代。

③ 井院式干栏建筑，易于适应山坡地形，正屋和横屋两根脊线的交点立一根“伞把柱”，平面形式有三开间吊一头的“一字屋”、一正一横的“钥匙头”、三合水的“撮箕口”和“四合水”“两进一抱厅”“四合五天井”。

④ 如挑花手帕。

⑤ 土家族语称为“西兰卡普”。

⑥ 如《茶妹妹》。

⑦ 如《燕将班》《六口茶》。

⑧ 旋律是 3/4 拍，以四分音符为一拍，每小节有 3 拍。

⑨ “鹤峰茶，世界品”。

⑩ 习主席嘉言。

⑪ “茶叶为风景增色，景区促茶叶发展”。

中透淡黄，熟栗香郁；三杯水，汤碧泛青，芳香横溢。”乾隆四十九年[①]，地方官吏将此茶叶作为“贡品”敬献朝廷，皇帝品尝后龙颜大悦[②]，随即御笔赐匾“皇恩宠锡”[③]。李尔重先生对伍家台贡茶情有独钟，赋诗盛赞其“宣恩沃壤育灵草，三月阳春揉好茶。鱼眼泡来清见底，静心品得香如花。味醇不赖惠泉水，消垢但凭黄金芽。碗面浮光碧云起，转身直欲飞天涯”，一时在学界、茶界广为流传。

恩施富硒茶还有利川红、雾洞茶、生耕甘露、临江绿峰、来凤藤茶[④]、高山野茶、老树红茶[⑤]、抹茶、花枝茶、巴东郡贡茶及真香茗、巴东红[⑥]、金果小橘红、建始马坡茶、炜丰茶、咸丰帝茶、奇泉老鹰红[⑦]、唐崖茶[⑧]等佳茗。我另一位好友也说“那里的茶很有韵味”。武陵地区自《桃花源记》后即给人以神秘感，其“几乎原封不动地冷藏了难以数计的历史奥秘”，被著名建筑学家、巴楚建筑文化学缔造者张良皋教授喻为“历史冰箱”。恩施富硒茶虽为茶中一枝独秀，但并不为广大群众所熟知，这“历史冰箱”中的茶叶，有待更多的朋友来解冻、品鉴，增进认识。

---

① 1784年。
② “碧翠争毫，献宫廷御案，赞不绝口而得宠”。
③ 现存恩施州文化馆。
④ 葡萄科，黄酮含量最高，被誉为“黄酮之王”“土家神茶”。
⑤ 群体老树小叶种。
⑥ 原料产于小神农架野茶基地和中村茶叶基地。
⑦ 温和甘爽，独特山野芬芳，是恩施八宝之一。
⑧ 其中唐崖白茶引种白叶一号。

湖北其他茶区也是“人杰地灵，物华天宝”，名茶辈出，远近闻名的有：峡州碧峰、金香品雪茶、萧净尖、秀水天香茶、宜红茶、五峰绿茶、采花毛尖、邓村绿茶、裕茗碧剑、昭君白茶、远安鹿苑、熊洞云雾、老雾冲茶、仙人掌茶、屈乡丝棉茶、九畹丝棉茶、武当道茶、太和骞林茶、神农奇峰、龙峰茶、龙王垭茶、梅子贡茶、圣水绿茶、神雾毛尖、襄阳高香茶、隆中茶、黑茯茶、晒紫金茯茶、保康松针、水镜茗芽、天门“季儿茶”、老青茶[①]、赤壁青砖茶、米砖茶、松峰茶、温泉毫峰、金银花茶、麻城福白菊、龟山岩绿、梁湖碧玉茶、英山云雾茶、天台翠峰、老君眉、殷祖白茶[②]、武昌龙泉茶、金水翠峰、黄鹤楼茶、归真茶、浐川龙剑茶、孝感红、大悟绿茶、松滋碧涧茶、随州车云山毛尖、棋盘山毛尖……“可爱者甚蕃”[③]，它们还出口俄罗斯、英国、德国、美国、日本、韩国、法国、意大利、比利时、加拿大、西班牙、土耳其、迪拜、摩洛哥、喀麦隆、新加坡、马来西亚等国，乃至在异国他乡开设专卖店、加盟店，这就是万里传香，中外共品。

昭君白茶的干茶条索细秀，形如凤羽；鲜嫩略带白叶，油润光亮；汤色鹅黄、清澈明亮；内质香气馥郁、持久悠长；滋味甜

---

① 又称“川字茶”。

② 引种白叶一号。

③ 周敦颐。

爽鲜醇，唇齿生津；叶片莹薄透明，叶底玉白[①]、成朵，完整均匀，若泡茶技巧得当，可充分领略白鹤展翅的美妙画面。早春时期，温度在15℃～22℃之间时，幼嫩的微绿色芽叶失绿呈玉白色，叶脉呈翠绿色，其幼嫩的新梢似朵朵初开的玉兰，十分奇特，以一芽二叶期前后最为明显，是最佳的采摘时间。白化返绿，是昭君白茶的一种特殊生理机制，通常春茶一芽二叶期为盛白期，盛白期过后，随着气温的升高[②]，光照的增强，叶色又逐渐由玉白色转变为花白相间，最后成熟的老叶和夏秋季长出的芽叶呈浅绿色。

武当山又名太和山，太和茶因其生长在武当山而得名。《本草纲目》载“太和茶味醇香，有清热利尿、利咽开音、醒神开窍之功效，长期饮用，延年益寿。”赤壁青砖茶[③]是以老青茶为原料[④]，经杀青、揉捻、渥堆、成大堆发酵、汽蒸、紧压、定型、烘制等72道工序制成的“青砖茶”[⑤]，其砖面紧结平整、棱角整齐，压印纹理清晰，色泽青褐，香气纯正，汤色褐红明亮，滋味醇和。长盛川青砖茶[⑥]，被称为“青砖茶中的艺术精品，亚欧万

---

① 独特品格。
② 超过22℃时。
③ 羊楼洞茶区。
④ 选料和拼配极为讲究。
⑤ 唯一带有清香味的黑茶。
⑥ 长1368mm，宽646mm，净重70kg。

里茶道上的瑰宝”[1]。黑茯茶是综合了湖北阜昌机制砖茶、益阳茯茶、安化机制茯砖茶工艺的特点，以独有的汉家刘氏茶坊的光波杀青、发酵、发花技术，制作出的砖面紧实、棱角分明、图案清晰、内含益生菌“金花”——冠突散囊菌[2]的黑茯砖茶[3]，因其幼嫩芽叶的发金花技术独树一帜而获国家发明专利。金花干嗅有一种黄花的淡淡清香[4]，花香入茶汤显得更加醇厚滑爽，其药效有如土茯苓。黑茯茶[5]入泡，一般有干桂圆香，长泡有栀子花香和熟苹果味；初泡琥珀色，再泡柿红色，汤色红艳明亮；喝起来有蜂蜜甜的口感，牛奶般的滋味，具有滑、醇、柔、稠的显著特点。尚有的其他名优茶并非“名未著”，而是余未知。同理，许多茶农以及不少有情怀、存担当的茶企、茶技艺传承人、茶从业者，他们或以茶为生，或“以身许茶”[6]，不辞劬劳，辛勤耕耘，也并非“名未著”，而是人未知，在此，权且以省略号付诸阙如。

笔者曾多次参加茶叶博览会、展评会、品尝会、评比会、斗茶会等全国性或国际性活动，当然明白“天外有天，人外有人，

---

① 藏于中国茶叶博物馆。

② 刘仲华院士等已提取分离出茯砖茶中独有的两种新的活性菌类物质——茯茶素 A 和茯茶素 B。

③ 符合《NY5196-2002 有机茶》标准。

④ 菌花香。

⑤ 黑茯茶耐泡可以持续泡 3 0 泡。

⑥ 如吴觉农。

茶外有茶”的道理。我认为：无论是做茶，还是喝茶，抑或观茶，都应该以冷静的科学态度，谦虚承认他茶的好，欣赏他茶的优点及他人的劳动成果，甘当他茶的学生。能否做到这一点，就能以小窥大，从而验证此人的胸怀是广阔还是狭隘，思想是包容还是排斥，境界是高尚还是低俗。特别是做茶叶销售的局中者[①]，更加需要学会甘当他茶的学生，甘当配角，虚怀若谷，给人以舒服感、和谐感。必如此，别人方能更加尊重你，认可你。“执者失之，无执也，故无失也”[②]。

2020年一场“新冠肺炎”疫情席卷而来，给中国及全世界人民带来了前所未有的影响。人们最基本的生活也不免其害，鉴于此，国家和政府出台了很多政策帮助人民尽快恢复正常生活，其中有一条这样的简讯：

湖北省新冠肺炎疫情防控指挥部物资与市场保障组生活物资保障专班于2020年3月2日发布文件，根据《关于认真贯彻落实习近平总书记重要指示精神保障“菜篮子”产品和农业生产物资运输畅通的紧急通知》（鄂防指发（2020）90号）文件精神，决定将茶叶及其包装、托盘相关物资纳入全省防疫期间重要生活物资保供范围，对相关运输车辆执行“绿色通道”政策。

---

① 决不可以像日本武士那样标榜自己的功夫为天下第一，曾国藩写信给曾国荃说“何必全克而后为美名哉，人又何必占天下之第一美名哉？”

② 出自《道德经》。

由此可见，茶同柴米油盐一样[①]，是百姓生活必不可少的重要生活物资，并非说全国 14 亿人每个人都离不开茶，但就整体而言，乃大多数家庭日常所不可或缺。这场突如其来的疫情对湖北省的农业、农产品[②]、农民[③]等造成了极大的影响。清明前后，湖北很多市长、县长同当地电视台主持人及茶工作者一道通过网络直播等形式大力推介各自产区的茶叶，同时也有央视主播、文艺工作者、网络达人等鼎力相助。且不论他们懂不懂茶，介绍得对不对、到不到位、客不客观，基于“名气与粉丝”效应，那一声“吆喝”所产生的销售额及促进的经济价值是非常显著的。我是江西赣州人，在杭州从事建筑行业工作，可以说也属于农民工范畴，因此深知茶农和农民工一样，十分艰辛[④]。往年我都会买点西湖龙井，今年清明之前去过几次西湖龙井的核心产区[⑤]游玩，却一两也没买，倒是购买了较多湖北茶塞满小冰箱[⑥]。对于茶，尤其是茶科技、茶文化，我们要有像钱崇澍、胡浩川、吴觉农、冯绍裘、蒋芸生、方翰周、王泽农、吕允福、陈椽、庄晚芳、张

---

① 王安石《议茶法》：“茶之为民用，等于米盐，不可一日以无。”

② 包括茶叶、茶衍生品。

③ 包括茶农。

④ 从茶树种植到杯中好茶之不易亦犹李绅《悯农二首》。

⑤ 狮、龙、云、虎、梅。

⑥ 绿茶建议密封低温储藏。

天福、李联标、陈兴琰、张宏达、陆松侯、张堂恒、陈宗懋等虔心于学术、理论与实践巧妙结合的大师，也要有平台及摇旗呐喊者，更需要广大消费者、广大人民群众的支持与欣赏。而我作为消费者之余，以我所学、所知、所感，愿当一位啦啦队成员兼学生为湖北茶，更为中国茶摇旗呐喊，推而广之！

茶之品饮与文化

我国饮茶历史最早，经历了由含嚼茶树鲜叶汲取茶汁、生煮羹饮，然后逐渐发展到煎煮烹茶、点茶茗战、沸水冲泡的过程。中国人也最懂得品饮茶的乐趣，继而发展了茶礼茶仪、茶道茶德、茶艺茶风并将其传播到世界各地。茶既是日常生活的必需品，又是精神文明的媒介物，更是中华民族的骄傲。饮茶已成为人们保健康乐、社交联谊、净化精神、传播文化的纽带。客来敬茶一杯，这是中国创立的高雅俭洁的礼仪之一。

《茶经》说："至若救渴，饮之以浆；蠲忧忿，饮之以酒；荡昏寐，饮之以茶。"陆羽在这里提出赶走瞌睡、解乏提神就应饮茶，接而又论及茶的品德及功能——"茶之为饮，最宜精行俭德之人。若热渴、凝闷、脑疼、目涩、四肢烦、百节不舒，聊四五啜，与醍醐、甘露抗衡也。”

陆羽、蔡襄、朱权等古人对茶的品饮十分讲究，《茶经·九之略》列举了在野寺山园、瞰泉临涧[①]的情况下品茗，哪些是可以省略的；城镇中饮茶有什么不可缺。《茶经·十之图》将其画于绢素，“于是《茶经》之始终备焉”。时至今日，茶的品饮对人物环境、服饰礼仪、茶具选用、泡茶用水、冲泡方法、品饮程序等的要求仍不可马虎，须兼顾科学性和艺术性。所谓科学性就是要了解不同茶叶的特点，掌握科学的冲泡技术，使茶叶的内在品质能充分表现出来。所谓艺术性就是要根据不同的茶叶选取适宜的茶具[②]，通晓冲泡程序和艺术。

“扬子江心水，蒙顶山上茶。”在中国饮茶史上，曾有“得佳茗不易，觅美泉尤难”之说。

张大复《梅花草堂笔谈》称：“茶性必发于水，八分之茶，遇十分之水，茶亦十分矣；八分之水，试十分之茶，茶只八分耳。”陆羽对饮茶所需的用水也有深刻品评：“其水，用山水上，江水中，井水下。其山水，拣乳泉石池漫流者上，其瀑涌湍漱勿食之，久食令人有颈疾……其江水，取去人远者，井取汲多者。”其《水品》《茶记》《顾渚山记》以及张又新的《煎茶水记》、叶清臣的《述煮茶小品》、欧阳修的《大明水记》、蔡襄的《茶录》、

① 或青山草亭。

② 使泡出的茶美味和美观兼备。

赵佶的《大观茶论》、徐献忠的《水品》、屠本畯的《茗笈》、张谦德的《茶经》、田艺蘅的《煮泉小品》、熊明遇的《罗岕茶记》、张岱的《阳和泉》、张潮的《中泠泉记》、汤蠹仙的《泉谱》等对泡茶用的水均有论述。泡茶的好水标准，不外乎源活[①]、味甘[②]、品轻[③]、质清[④]这四个条件。乾隆皇帝评价好的水质有五个字：清、轻、甘、活、冽[⑤]。古人认为，天然水是泡茶的最佳用水。天然水按其来源可分为泉水、溪水、江水、湖水、井水、雪水、雨水等，泉水[⑥]是其中的极品。纯净水和质地优良的矿泉水也是较好的泡茶用水。自来水经过氯化物消毒，会影响茶味，建议将其静置一昼夜，待氯气自然挥发后再用于泡茶。范景文《蕉雨轩尝水》说："泉味与茶香，相和有妙理。细嚼润枯喉，泉脉湿灵肺。"名茶配名泉，相得益彰，真有美上添美之妙。俗话说好茶伴好水，名茶产地往往会有与之相适宜的名泉[⑦]，用之泡茶，纯香四溢，是最好不过了的。传说黄山毛峰的"白莲奇观"[⑧]必

---

① 源活流动。

② 甜滋美感。

③ 含钙镁离子低，软水或暂时硬水为佳。

④ 无色透明、无沉淀物。

⑤ 水含口中有冷寒感。

⑥ 谷帘泉、中泠泉、北京玉泉均称为"天下第一泉"。

⑦ 庐山云雾与谷帘泉。

⑧ 指注水入杯，热气绕杯沿旋转一圈至杯中心便径直升腾；而后约离杯一尺高，在空中转一圈，化作一朵白莲花；那白莲花又冉冉上升化成一团云雾，最后散成一缕缕芬芳飘荡开来，顿时幽香满室，轻轻啜饮一口，更觉清香爽口，心宁神清，妙不可言！

须用黄山圣泉冲泡才能显现其清高品质。

茶的品饮包括沏泡和品饮两个过程，沏泡可以分为艺术表演式和平常生活式两种，可根据实际需要和场合选择适当的方式。从古至今，由茶的品饮衍生出来的茶道、茶艺、茶礼以及茶仪等[①]，已十分完善且日渐博大精深。广义的茶艺是指研究茶叶生产、加工、经营、品饮的方法及其原理探索，以达到物质和精神相统一的一门应用科学。狭义的茶艺是将茶叶的沏泡和品饮的过程，以舞台表演的艺术形式进行的一种展示。因此我们说，茶的品饮至少有人、茶、器或具[②]、水[③]、境和艺六大要素[④]。即要泡出好喝的茶，主人或品饮者要置身好的环境中，还须配有好茶、好水、好茶具[⑤]、好的泡茶技艺[⑥]等条件。

明代许次纾《茶疏》说："初巡鲜美，再则甘醇，三则意欲尽矣……以初巡为婷婷袅袅十三余，再巡为碧玉破瓜年，三巡以来，绿叶成阴矣……茶滋于水，水藉乎器，汤成于火。四者相须，缺一则废。"现今很多书籍都提倡"三开茶"的品饮方式，即头

---

① "技进乎艺，艺进乎道"。

② "器为茶之父"。

③ "水为茶之母"。

④ 欧阳修曾提出"新茶、水甘、器洁，再加上天朗、客嘉"，五美俱全方可达到"真物有真赏"的境界。

⑤ 紫砂壶泡茶有利于内含物质充分析出、保温性好，比较适合普洱茶、紧压茶。

⑥ 茶叶用量、水温、冲泡时间及次数。

泡之后，再续两次水。非揉捻[①]茶如西湖龙井、竹叶青、芽茶等茶泡第三杯时几乎没味了，而揉捻充分的茶像恩施玉露、碧螺春、都匀毛尖、丹寨毛尖等可泡 5 ～ 6 杯，味道仍很足。值得一提的是，绿茶尤其是细嫩原料[②]制成的绿茶，头泡茶水不宜倒掉。在茶艺表演比赛中，把绿茶头泡水[③]倒掉是要扣分的。沏泡过程中，要注意三个方面：其一，水温适宜；其二，茶水比适当；其三，冲泡时间适中。期间，注意把握“茶斟七分满，留有三分情”的原则。

绿茶可以采用玻璃杯泡饮法[④]、盖碗泡饮法、瓷杯泡饮法、茶壶泡饮法[⑤]和单开泡饮法、饮茶吃渣法[⑥]、茶泡饭饮用法等。用玻璃杯泡饮高档细嫩绿茶，一则便于赏茶观姿，泡饮之前，先欣赏干茶的色、香、形，充分领略各种名茶的天然风韵，二则防止嫩茶被泡熟，保留其鲜嫩色泽和清鲜滋味。

例举恩施玉露的盖碗[⑦]沏泡和品饮程式如下：

“净手诚心—丝竹和鸣—敬祭始祖—恭请嘉宾—活火候汤—识器别具—温杯洁具—鉴赏稀焙—汤入玉碗—针插海底—拨搅流

① 或微揉捻。
② 净度满足要求。
③ 已浸出一定量的营养物质。
④ 适于细嫩的名贵绿茶。
⑤ 不宜泡细嫩名茶。
⑥ 适于名贵细嫩的茶。
⑦ 玻璃杯和瓷杯大同小异。

华—敬奉芳茗—深闻馨香—透视流霞—若饮琼浆—胜品甘露—再啜醍醐—谢宾收具。”

茶性俭、清高、洁净，因而泡茶时，“酸甜苦涩调太和，掌握迟速量适中”，为中庸之美；待客时，“奉茶为礼尊长者，备茶浓意表浓情”，为明伦之理；品茶的心境应“普事故雅去虚华，宁静致远隐沉毅”，为俭德之行；“饮罢佳茗方知深，赞叹此乃草中英”，为谦和之礼。

红茶按茶汤的调味与否，可分为清饮法①和调饮法②。从红茶的花色品种看，大体有工夫饮法③和快速饮法④两种。按使用的茶具不同，红茶品饮可采用杯饮法⑤和壶饮法⑥。品饮红茶若按茶汤的浸出方法，分为冲泡法与煮饮法。

被誉为“绿叶红镶边”的乌龙茶既有绿茶的醇和甘爽、红茶的鲜强浓厚，也有花茶的芬芳幽香，是中国茶叶百花园中的一枝“奇葩”。福建、广东两地的人泡饮乌龙茶最为考究⑦，既要尝茶的妙香和真味，又要达到艺术的享受与熏陶。首先，须选用高档的乌龙茶，如铁观音、武夷岩茶、水仙、肉桂、凤凰单枞等，

---

① 不加任何调味品，领略其独特风味。
② 在茶汤中加调料，以佐汤味。
③ 小种红茶、工夫红茶。
④ 红碎茶、速溶红茶。
⑤ 工夫红茶、小种红茶、袋泡红茶等。
⑥ 红碎茶、片末红茶。
⑦ 茶具精致，泡工独特。

其次，要备好一套精致的专门茶具——美其名曰“烹茶四宝”：玉书碨、潮汕炉、孟臣壶、若琛杯[①]，再次，所用的水最好是山坑石缝泉水，煮茶的火必须以橄榄核烧取。经过科学的冲泡，才能充分发挥出上等乌龙茶特有的色、香、味。泡乌龙茶不但要淋洗茶壶、茶盘、茶杯等茶具，还要“洗茶”，尤其是岩茶，要把茶叶表面的尘污洗去，使茶的真味得以充分体现。在泡茶、冲茶、斟茶的过程中讲究“内外夹攻”“高冲低行”“关公巡城”“韩信点兵”等技法。品饮则重在意境，得细品慢啜，将茶举近鼻端先嗅其香[②]，再用嘴唇和舌尖尝其味，“三口方知真味，三番才能动心”，乘热啜饮[③]，即所谓的“喝烧茶”。啜饮乌龙茶还有很多学问，与茶马驿站[④]里“牛饮”[⑤]大碗茶的风格完全不同。饮乌龙茶不但可以解渴、去肥腻、助消化，其整个泡饮过程也是一种艺术鉴赏，进而上升到“恬淡冲融”之最高意境[⑥]。“客来敬茶”是中国传统美德，正是“扎根青山翠谷中，温和洁雅四季葱，除病解忧助人乐，任凭东西南北风”。

大家都知有“醉酒”之说，其实也有“醉茶”之说。“知人参为累，则茶累尽矣。”陆羽指出茶与人参一样有利有弊。空腹

① 半个乒乓球大。

② 由远及近，又由近及远。

③ 乌龙茶冷后性寒，对胃不利。

④ 茶摊、茶亭。

⑤ 狂饮。

⑥ 卢仝所谓“通仙灵”妙境。

和睡前饮乌龙茶，以及有些特殊体质的人喝过浓或过量的乌龙茶都容易“醉茶”，会感觉恶心、头痛、心律紊乱等不适。这是由于浓茶中含有过量的咖啡碱和氟化物，它们会导致人的中枢神经兴奋，心率和血液循环加速、体内电解质平衡紊乱以及酶的活性不正常等现象产生。出现“醉茶”，倒也不必惊慌，只要喝一碗糖水，过一会儿就能缓解。

花茶是融茶味之美、鲜花之香于一体的如诗一般的茶中艺术品。茶叶滋味是茶汤的本味，而花香则是茶汤滋味的精神。茶味与花香巧妙地融合，构成茶汤适口、香气芬芳的韵味，“花香助茶味，茶味显花香”，两者珠联璧合，相映生辉。泡饮花茶，宜先将茶置于洁净无味的白纸上，欣赏其外观形态，干嗅其蕴含的香气，察看其茶坯的质量。冲泡以维护香气不至无效散失和展示茶坯特质美味为原则，特别是茶坯极细嫩的花茶[①]，宜用透明玻璃杯，待初沸开水凉至85℃～90℃时冲泡，随即加上杯盖，以防香气散失，然后透过杯壁雅观茶在水中上下飘舞、沉浮起落，然后茶叶徐徐舒展至叶形复原，渗出茶汁汤色的变幻过程，此称为“目品”。揭开杯盖一侧，鼻闻其芬芳香气，亦可作深呼吸，充分领略愉悦茶香[②]，精神为之一振，是为“鼻品”。冬天泡饮一杯花茶，可增添居室芳菲，如临春暖花开之境。“口品”即小

① 如茉莉毛峰、桂花龙井等。
② 鲜灵度、浓度、纯度。

饮一口茶汤，细品慢啜，以舌灵活玩转，使其充分与味蕾接触，尝鉴其真香实味。茶形、滋味、香气三者全佳者即为花茶高品、名品、珍品。

饮茶的风习除了讲求清雅怡和的清茶一杯的“清饮”外，还要讲求兼有茶味与佐料味的民族特色风味，以及讲求配以佐料，备以美点，伴以歌舞、音乐、戏曲、诗词、书画、花木、摆件等多层次、多形式、多学问的美好享受。

新疆维吾尔族人民主要饮用茯砖茶，其中南疆地区的人将茯砖茶打碎，将其投入长颈铜茶壶内，再添加被研细的桂皮、丁香、胡椒等佐料加以调味，之后注入适量清水将其煮沸，即成香茶。北疆地区的人则是将茯砖茶打碎，将其投入盛水八分满的茶壶内，在煤炉上烹煮沸腾后，再加入一碗鲜奶或几个奶疙瘩和适量盐巴，然后再煮沸 5 分钟左右，便调成了热乎乎、香喷喷、咸滋滋的奶茶。新疆当地饮食常常“以茶代汤”，用茶补充维生素和营养，并帮助去肥消食，因此，有“一日三餐有茶，提神清心，劳动有劲”的体会，还流行“宁可一日无米，不可一日无茶”的谚语。

藏族人[1]喝得最普遍的是酥油茶，也有少部分喝奶茶或清茶。所谓酥油，就是把牛奶或羊奶煮沸，用勺搅拌，倒入竹桶内，冷却后凝结在溶液表层的一层脂肪。制作酥油茶，先煮沸锅内清水，

① 据载，文成公主到吐蕃和亲，将饮茶文化传入西藏。

再将紧压茶[1]捣碎，放入沸水中煮半小时，待浸出茶汁，滤去茶叶，把茶汤装进打茶桶内，同时将做好的酥油也注入打茶桶里面，加入适量的盐和糖，盖住打茶桶，接着用手把住长棒舂打，使茶、酥油、盐、糖等混为一体，即成“酥油茶”。酥油茶汇集多种原料精华，滋味多样，味道涩中带甘，咸里透香，既可暖身，又能增加抗寒力，可谓风味独特，效用极佳，遂成为热忱款待宾客的珍贵之物。

傣族和景颇族、拉祜族、哈尼族、布朗族等族的人都喜饮竹筒香茶。制作竹筒香茶，通常是将细嫩绿茶装入嫩甜竹[2]筒内，有的还先放入小饭甑里蒸约 15 分钟，待茶叶软化充分吸收糯米香气后倒出，再盛入竹筒内，然后用甜竹叶或草纸堵住筒口，放在离炭火高约 40 厘米的烘茶架上，以文火慢慢烘烤，期间翻动竹筒，待竹筒由青绿色变为焦黄色，筒内茶叶全部烤干时剖开竹筒即成。竹筒香茶外形为竹筒状的深褐色圆柱[3]，汤色黄绿明亮，兼具茶香、甜竹清香和糯米香，滋味鲜爽回甘，饮之既解渴，又解乏、提神，令人浑身舒畅。

土家族地区山美、水美、茶美。土家族同胞也善于种茶、制茶、饮茶[4]，其中喝擂茶的习俗尤为古老且富有文化传统，它还配以

① 普洱茶、金尖等。
② 主要是香竹、金竹。
③ 芽叶肥嫩。
④ 茶的饮用起源于古巴蜀一带。

美味可口的小吃，是既有“以茶代酒”之意，又具“以茶作点”之美。擂茶又名“三生汤”[①]，先将生叶[②]、生姜、生米按一定比例倒入擂钵[③]中，捣磨研碎，再起钵入锅，加水煮沸，即成擂茶。喝擂茶能提神祛邪、清火明目、理脾解表、去湿发汗、健脾润肺、和胃止火等，又有防病健身、延年抗衰等功效。土家族油茶汤堪称中国茶文化一绝，源远流长。据清代的《来凤县志》记载：“土人以油炸黄豆、苞谷、米花诸物，取水和油，煮茶叶和汤泡之，饷客致敬，名曰‘油茶’”。油茶汤的制作十分考究，吃起来清香爽口，提神解乏，疗饥醒酒，冬可暖身，夏可消暑，许多人四季不离，每日必饮，成为土家人待客的传统民族饮料。

蒙古族人酷爱喝咸奶茶，有“一日一顿饭，一日三次茶”[④]的习惯。煮咸奶茶，应先把砖茶[⑤]打碎，并将洗净的铁锅盛水2～3公斤置于火上煮沸，放入捣碎的砖茶约25克，再沸腾3～5分钟后，掺入奶子[⑥]，片刻后按需加入适量盐巴，直待沸腾后便可饮用。蒙古族同胞认为，烹煮咸奶茶的每一步及其先后顺序都很关键，只有器、茶、奶、盐、温五者相互协调，才能煮出咸甜相宜、美味可口的咸奶茶来。据当地习俗，姑娘出阁后，新娘得当

① 据传与张飞有关。
② 新鲜芽叶。
③ 山楂木制成的。
④ 重饮轻食。
⑤ 青砖或黑砖。
⑥ 水量的1/5。

着亲友的面，露一手煮茶本领并端茶敬献宾客，以示身手不凡，家教有方。

李肇《唐国史补》称："风俗贵茶，茶之名品益众。"我国的饮茶习俗千姿百态，丰富多彩。除以上所列，还有纳西族的盐巴茶与龙虎斗，傈粟族的雷响茶与油盐茶，布朗族和高山族的酸茶，德昂族的腌茶与砂罐茶，布依族的姑娘茶与甜酒茶，白族的三道茶[①]与响雷茶，仡佬族的"三幺台"茶席，苗族和瑶族、侗族的打油茶，回族和水族、羌族的罐罐茶，拉祜族及彝族的烤茶，哈尼族的土锅茶与煨酽茶，东乡族的盖碗茶，阿昌族的青竹茶，佤族和傣族的烧茶，基诺族的凉拌茶与煮茶，客家及畲族[②]的擂茶与擂茶粥（面），武夷茶宴，径山茶宴，黎族的水满茶与芎茶，独龙族的煨茶与独龙茶，苗族的虫茶与茶粥，昆明九道茶，京族的槟榔茶，裕固族的甩头茶，保安族的清真茶与三香碗子茶，朝鲜族的人参茶与三珍茶，鄂伦春族的黄苓茶……

茶叶审评包括理化审评和感官审评，有三大指标和一项认证。感官审评通过视觉、嗅觉、味觉、触觉，对茶叶的优次进行评定。审评时，先进行干茶审评而后进行开汤审评，前者看外形的老嫩、条索、色泽、净度四个因子，后者注意内质的汤色、香气、滋味、叶底四个因子，对照标准[③]来判断茶叶品质的高低，根据外形、

---

① 一苦二甜三回味。

② 和西南个别少数民族。

③ 依据《GB/T 23776—2018 茶叶感官审评方法》。

内质各因子[1]的评分和评语，确定茶叶的等级。理化指标包括：茶叶的外形容重、水分、水浸出物、粗纤维、粉末、碎茶以及茶叶的氨基酸、茶多酚、儿茶素、咖啡碱、可溶性糖、叶绿素、茶黄素、茶红素等含量指数，还有卫生安全指标[2]和质量标准认证。知名茶学专家刘祖生先生、杨胜伟先生等对恩施玉露的品质描述是“外形白毫显露，色泽苍翠润绿、艳如鲜绿豆，条索紧圆、光滑、纤细挺直如松针；汤色嫩绿明亮而显萤光；香气清高持久；滋味醇厚、鲜爽回甘；叶底嫩绿匀整”。对西湖龙井的审评描述则是“外形扁、平、直、光，尖削如碗钉，色泽绿中显黄[3]；汤色黄绿明亮；香气豆花香；滋味清爽或甘醇爽口；叶底成朵微黄绿”。西湖龙井的制作工序有摊放、杀青、回潮、二青叶分筛、辉锅、干茶筛分、挺长头、归堆等八道工艺，至于摊放之前的采摘和归堆之后的收灰贮藏可归为辅助工序。采摘得好非常重要，可为后续工作省去很多时间、精力，炒制有“抖、搭、拓、捺、甩、抓、推、扣、压、磨”十大手法。

陈宗懋院士根据多年研究与实践，总结出健康喝茶七大建议：一、不同体质喝不同茶，绿茶性凉，胃不好的人可将新茶放置 1 ～ 2 周再饮用，以便减少绿茶成分中儿茶素对胃部的刺激，

---

① 感官指标。

② 国家农业部《食品安全国家标准食品中农药最大残留限量》(GB 2763—2014)。

③ 高级龙井的色泽一般是“糙米黄、光滑”。

胃部比较脆弱的人建议喝红茶护胃，有肥胖问题的人建议喝乌龙茶[①]、黑茶[②]；二、不同季节喝不同茶，春天多喝绿茶，冬天喝红茶暖胃健脾、升温降浊、助消化（但主要还看个人喜好）；三、每天泡两三次茶，不要一壶茶从早喝到晚，茶淡了应该倒掉重新泡[③]；四、别喝太浓的茶，尤其是进餐和睡觉前，茶中的多酚类物质会影响人体对矿物质的吸收，对神经的刺激也大[④]；五、嫩的一芽一叶茶可用低水温泡，而黑茶、红茶完全可用开水泡；六、不喝隔夜茶，没有研究显示隔夜茶致癌，但茶放了一夜，难免有微生物污染，卫生情况不能保证[⑤]，所以不建议喝隔夜茶[⑥]；七、密封、防异味、低温存茶，可避免茶多酚被氧化，且避免串味。同时，陈院士也温馨提示：①根据个人喜好选茶，茶叶越嫩，其口味越清淡；②不被华丽包装所迷惑，包装做到基本的防潮、防湿、避光即可；③优先选择大品牌；④茶水中基本没有农残，国家对农药[⑦]有严格管控。据调查，茶叶农残检测合格率达97%以上，最关键的是农药都是脂溶性的，较难溶于水，我们喝的是茶汤，只要其没超过农残限量标准，就是安全的，长期饮用，也不

① 乌龙茶性和而不寒，性温而不助火，去腻降脂功效显著。

② 黑茶具有消滞、开胃、去腻、减肥、降脂、降胆固醇的作用。

③ 废茶叶晒干装在枕芯里有祛头痛、明目等特殊功效。

④ 宜饮淡茶，减少茶中咖啡因的摄入。

⑤ 放置时间过久的茶汤，有效成分会受各种物理化学作用的影响而产生变化。

⑥ 隔夜茶可漱口、润洗眼睛。

⑦ 主要是农药的使用范围、剂量、安全间隔期等。

会对人体健康构成影响；⑤常喝砖茶有可能导致氟过量，适量的氟有助于预防龋齿，过量则易引起氟斑牙，绿茶和红茶含氟量低于乌龙茶和黑茶[①]。

王岳飞教授就科学饮茶概括提出：看茶饮茶[②]，看人饮茶，看时饮茶。长期保持饮茶和对某种茶的钟爱，长年累月，体质也会往相应的方向转变。王教授认为最理想的情况是所习惯饮用的茶叶能让饮用者的体质往健康的方向转变。为在不同季节调理身体，茶界流传出“春饮花茶理郁气，夏饮绿茶驱暑湿，秋品乌龙解燥热，冬日红茶暖脾胃”的饮茶养生名言。一天中，清晨空腹宜饮淡茶，能稀释血液、降低血压、清头润肺；早餐后宜饮绿茶，提神醒脑、抗辐射，准备迎接新一天的工作；午餐饱腹后宜饮乌龙茶，可消食去腻、清新口气、提神醒脑，以便继续投入工作中；下午宜饮红茶，可调理脾胃；晚餐后宜饮黑茶，消食去腻、舒缓神经，为进入睡眠做准备。此法过于讲究，但若有充裕的时间大可一试。

茶不但有其本真的、特殊的实用价值，成为人们生活的必需品，同时对社会经济的发展也有着很好的促进作用。茶与文化的关系至深，涉及面很广，内容也非常丰富。茶文化也成了中国传统文化的重要组成部分之一，对百姓的美好生活发挥极其重要的

---

① 同一品种茶，嫩叶低于老叶。

② 不同的人根据不同的体质，可选择适合自己的茶类。

作用；对社会也起到了其他文化难以企及的既广泛又深远的影响。我的老师杨叔子院士在《科学人文，和而不同》《科学人文，不同而和》《数学很重要，文化很重要，数学文化也很重要》等文中全面研究和精准阐发了“文化的类型整体包括科学文化和人文文化。人文文化与科学文化一样，同来源于实践，以实践、以求真作为其基础，从而在各方面以不同方式和实践、科学紧密相关。不仅人文中饱含了科学的基础与科学的珍璞，而且科学中也充满了人文的精神与人文的内涵。人要生活下去，就必须同外在世界、物质世界打交道，主要靠科学文化、工具理性……同内心世界、精神世界打交道，主要靠人文文化、价值理性……科学文化与人文文化必定在功能上互异，形态上互别，但又在内涵上互通、互补、互动，在精神上更有共同的追求，它们彼此渗透、不可分割形成一个整体”的观点。毫无疑问，茶怀有强大的科学文化，同样拥有深广的人文文化。换言之，茶无论对外在物质世界，还是对内心精神世界，都有其独特魅力。毫不夸张地说，茶文化能提高人们的文化修养和艺术欣赏水平，把人类的精神和智慧带到更高、更广阔的境界。

唐代顾况《茶赋》说茶“滋饭蔬之精素，攻肉食之膻腻。发当暑之清吟，涤通宵之昏寐”。广义的茶食是包括茶在内的糕饼、点心、杂粮之类的统称。通常人们理解的茶食是指用茶掺和其他可食的物料，调制成茶菜肴、茶粥饭面等含茶的食物。以茶入馔是古老的智慧，茶不仅能提鲜去腥，还能带来一股馥郁茶香。茶入菜肴有：茶叶粥、茶叶蛋、鲜茶叶炒蛋、龙井虾仁、红茶凤爪、碧螺鱼羹、绿茶粿粽、绿茶饼、茶面食、抹茶糕、抹茶糯米糍、茶饺、茶香五花肉、茶香鸡、茶香鲍鱼、茶香排骨、茶香牛肉、普洱红烧肉、红茶煨烧肉、清蒸茶鲫鱼、樟茶鸭、茶香鹅、绿茶鲜豆腐、红茶鸡丁、童子敬观音、鸡茶饭、养生茶藻丝等，不胜枚举。

明代郎瑛《七修类稿》曰："种茶下子，不可移植，移植则不复生也，故女子受聘，谓之吃茶。又聘以茶为礼者，见其从一之义。"明代许次纾《茶疏》说："茶不移本，植必子生。古人结婚，必以茶为礼，取其不移植子之意也。今人犹名其礼曰下茶，亦曰吃茶。"从盛行饮茶[①]、客来献茶到茶与婚礼自然而然地结下不解之缘，并逐渐发展成用茶为仪的礼俗。我国许多地方仍把订婚、结婚称为"受茶"或"吃茶"，把定金称为"茶金"，把彩礼称为"茶礼"，把向父母尊长双手敬奉的茶称为"谢恩茶""认亲茶"。所谓"三茶六礼"，就是"下茶[②]、定茶[③]、合茶[④]"和"纳采、问名、纳吉、纳征、请期、亲迎"。彩礼（茶礼）虽具有一定的经济价值，但更重视的还是那些消灾祐福的吉祥之寓。

---

① "穷日尽夜，殆成风俗。"

② 即订婚。

③ 即结婚。

④ 即同房。

茶入歌舞即形成茶歌、茶调、茶舞、茶灯，如孙楚《出歌》、皎然《饮茶歌诮崔石使君》、刘禹锡《西山兰若试茶歌》、卢仝《七碗茶歌》、温庭筠《西陵道士茶歌》、李郢《茶山贡焙歌》、秦韬玉《采茶歌》、范仲淹《和章岷从事斗茶歌》、黄庭坚《次韵叔父台源歌》、熊蕃《御苑采茶歌》、范成大《夔州竹枝歌》、白玉蟾《茶歌》、刘学箕《醉歌》、洪希文《煮土茶歌》、吴宽《爱茶歌》、韩邦奇《贡茶鲥鱼歌》、杨慎《和章水部沙坪茶歌》、释超全《武夷茶歌》和《安溪茶歌》、蒋衡《茶歌》、金虞《径山采茶歌》、曹廷栋《种茶子歌》、乾隆《观采茶作歌》、陈章《采茶歌》、张日熙《采茶歌》；“打茶调”“敬茶调”“结婚调”“迎宾调”“上茶调”；周大风《采茶舞曲》，《畲族茶舞》《土家族采茶舞》《采茶扑蝶舞》《斗茶舞》；“采茶灯”“茶篮灯”“壮采茶”等。

茶入小说、影视、曲艺及戏剧等，可谓名戏（或名剧）层出，且影响深远。人称“戏曲是我国用茶汁浇灌起来的一门艺术”，如“采茶戏”“当茶园”、高宜兰《九龙山摘茶》[①]、汤显祖《玉茗堂四梦》、王錂《寻亲记·茶坊》、高濂《玉簪记·茶叙》、吴炳《西园记》、洪昇《四婵娟·李易安斗茗话幽情》、郭沫若《孔雀胆》、田汉《梵峨琳与蔷薇》、老舍《茶馆》、现代京剧《茶山七仙女》等，还有国外的戏剧：英国索逊《妻的宽恕》、贡

① 后改名为《茶童歌》。

格莱《双重买卖人》、英国费亨《七副面具下的爱》、德国布莱希特《杜拉朵》、荷兰《茶迷贵妇人》。小说类有冯梦龙《喻世明言》、李渔《明珠记·煎茶》及《夺锦楼》、吴敬梓《儒林外史》、曹雪芹《红楼梦》、李汝珍《镜花缘》、沙汀《在其香居茶馆里》、陈学昭《春茶》、王旭烽《南方有嘉木》和法国亚历山大·仲马《茶花女》。电影（含纪录片）及电视剧有我国的《采茶女》[①]《茶馆》《喜鹊岭茶歌》《春秋茶室》《龙凤茶楼》《中华茶文化》《话说茶文化》《行运一条龙》《茶是故乡浓》《菊花茶》《茶马古道》《绿茶》《茶色生香》《第一茶庄》《铁观音传奇》《斗茶》《乡土·清明问茶》《爱有来生》《茶旅天下》《龙顶》《茶亦有道》《茶香三部曲》《茶王》《温柔的慈悲》《茶叶之路》《茶·一片树叶的故事》《茶约》《茶颂》《茗定今世缘》《茶道》《闪亮茗天》《茶界中国》《情系万里茶道》《让我听懂你的语言》《黔茶》《三十而已》《龙井》，日本的《吟公主》《利休》《寻访千利休》，韩国的《茶母》，美国的《吃一碗茶》，英意合拍的《和墨索里尼喝下午茶》等。

“文人七宝，琴棋书画诗酒茶”，茶通六艺。品味佳茗、聆听妙曲，琴素、茶清，“琴增茶之高雅，茶添琴之幽逸。”茶入

---

① 1924年版。

书法[①]及美术[②]、绘画等有怀素《苦笋贴》、顾渚山摩崖石刻、苏东坡《一夜帖》和《啜茶帖》《新岁展庆帖》、黄庭坚《奉同公择尚书咏茶碾煎啜三首》、米芾《苕溪诗卷》和《道林诗帖》、蔡襄《茶录帖》和《精茶帖》《思咏帖》《扈从帖》《即惠山泉煮茶》、圆悟克勤《茶禅一味》、赵令畤《赐茶帖》、唐寅《夜坐》、文徵明《山静日长》和《游虎丘诗》《煎茶赠友扇面》、文彭《草书卢仝饮茶诗卷》、徐渭《煎茶七类》、汪士慎《幼孚斋中试泾县茶》、金农《玉川子嗜茶帖》和《双井茶》《茶述》、黄慎《山静日长》、郑板桥《竹枝词》[③]、丁敬《论茶六绝句》、蒋仁《睡魔欢伯联》、黄易《茶熟香温且自看》、钱松《茗香阁》、赵之谦《茶梦轩》、吴昌硕《角茶轩》、黄士陵《茶龛》、邓散木《吃茶去》和现代《百茶字图》等，汉《画像砖》、北宋《妇女烹茶画像砖》、《紫云坪植茗灵园记》摩崖石刻、木刻版画《茶叙芳心》、江山《茶会碑》、易武《茶案碑》，墓葬壁画《进茶图》《煮汤图》《点茶图》《奉茶图》《茶道图》《烹茶探桃园》，“绣茶”[④]，阎立本《萧翼赚兰亭图》、张萱《烹茶仕女图》、周昉《调琴啜茗图》和《烹茶图》、佚名《唐人宫乐图》、陆滉《烹茶图》、周文矩《火龙烹茶图》和《煎茶图》、顾闳中《韩熙载夜宴图》、

① 包括信札、篆刻。
② 包括雕塑、版刻。
③ 其中有“郎若闲时来吃茶”之句。
④ 团饼茶等贡茶的饰面装饰。

工齐翰《陆羽煎茶图》、李公麟《虎阜采茶图》、赵佶《文会图》、张择端《清明上河图》、刘松年《斗茶图卷》和《撵茶图》、冯璧《东坡海南烹茶图并诗》、钱选《卢仝煮茶图》和《陶学士雪夜煮茶图》、审安老人《茶具图赞》、赵孟頫《斗茶图》和《宫女啜茗图》、赵原《陆羽烹茶图》、袁桷《煮茶图诗序》、杜柽居《茶经图》、沈周《醉茗图》、唐寅《事茗图》《陆羽烹茶图》和《卢仝煎茶图》、文徵明《惠山茶会图》《品茶图》和《林榭煎茶图》、陆治《烹茶图》、仇英《松亭试泉轴》和《玉洞仙源图》、王问《煮茶图》、丁云鹏《玉川烹茶图》和《煮茶图》、陈洪绶《高隐图》和《停琴品茗图》、张纯修《楝亭夜话图》、高凤翰《天池试茶图》、汪士慎《墨梅茶熟图》、李鱓《煎茶图》和《壶梅图》、金农《玉川先生煮茶图》、黄慎《采茶图》、高翔《煎茶图》、李方膺《梅兰图》、薛怀《山窗清供图》、程致远《溪泉品茶图》、杜士元《东坡游赤壁》、任熊《煮茶图》、虚谷《茶壶秋菊》和《案头清供》、钱慧安《烹茶洗砚图》和《百岁老人煮茶图》、蒲华《茶已熟菊正开图》、吴昌硕《煮茗图》和《品茗图》、齐白石《茶具梅花图》《煮茶图》和《寒夜客来茶当酒》、《点石斋画报》描绘的《采茶入贡图》、蒋洽《西园雅集图》、傅抱石《蕉阴煮茶图》，还有日本的《茶旅行》《松下煮茶图》和《菊与茶》，爱尔兰的《饮茶图》，英国的《茶桌的愉快》，藏于美国的《一杯茶》《茶叶》，藏在比利时的《春日》《俄斯坦德之午后茶》《人物与茶事》，存于俄罗斯的《茶室》，举不胜举，蔚为壮观！

与茶有关的建筑或空间，主要有茶馆、茶屋、茶室、茶座、茶舍、茶社、茶摊、茶亭、茶庵、茶肆、茶寮、茶坊、茶司、茶店、茶号、茶行、茶庄、茶栈、茶铺、茶院、茶楼、茶苑、茶餐厅等。各地名茶馆[①]由来已久，基本上每天都是高朋满座、茶客云集，因此长享盛名，如北京的老舍茶馆、上海的丽水台、广州的陶陶居[②]、杭州的青藤茶馆和翁隆盛茶号、绍兴的林泉居、南京的魁光阁、扬州的冶春茶社、苏州的吴苑深处、福州的静茶等。书斋是世人读书、论学、休憩之所，通常都是清静、雅致、洁净、舒适的环境，有清茶、书卷、笔墨、字画，或有添置的苗木、花卉、景石、竹刻等陈设，伴着清幽音乐，别具一番意趣，自然成为品茗的绝佳之地。《辞海》注释"'茶会'：用茶点招待宾客的社会集会，也叫茶话会；'茶话'：饮茶清谈；宋代方岳《入局》称'茶话略无尘土杂'，今谓有茶点的集会为茶话会。"一般认为茶话会是在茶宴[③]、茶会[④]和茶话[⑤]的基础上演变而成的。

---

① 茶馆是社交活动和休闲娱乐的公共场所，谱写了绚丽多彩的茶馆文化。

② 早茶最盛。

③ 钱起《与赵莒茶宴》。

④ 钱起《过长孙宅与朗上人茶会》。

⑤ 方岳《入局》。

茶话会通常是指一种备有清茶或茶点[①]的社交性集会，通过饮茶品点，“借茶引言、以茶助话”，达到畅叙友谊、讨论问题、交流思想、谈事抒见和互庆佳节、寄托希望、展望未来……物质和精神共享的目的，可谓是当下最流行的社交集会形式[②]。茶话会在我国已有千年历史了，现已融入各种领域、各行各业，大如国事茶叙、新年茶话会、佳节团拜会、欢迎使节等，小如开展科学文化学术交流[③]、亲朋相聚等。近年来，新起的音乐茶座或茶吧、新媒体茶座、悦读茶座等，有着啜饮纳凉、谈心叙谊、联络感情、松弛身心、欣赏艺术等更丰富美好的内容。吴觉农先生和庄晚芳先生就十分推崇“清茶一杯，不成敬意”“清茶依旧，景象常新”的雅洁俭朴的文化精神。17 世纪初，中国茶由荷兰输入欧洲，英国人最晚不晚于 17 世纪下半叶就已开始饮茶[④]。英国人一天至少饮茶五次，“床茶[⑤]、晨茶[⑥]、午茶[⑦]、下午茶[⑧]、晚茶[⑨]”，爱茶之甚[⑩]可想而知。时至今日，英国学术界仍习惯一边品茗尝点，

---

① 水果、糕点、零食之类。
② 既随和又不失庄重。
③ 笔者参加过建筑交流茶话会。
④ 沃勒诗赞凯瑟琳。
⑤ 起床。
⑥ 上午。
⑦ 午饭后。
⑧ 三四点。
⑨ 晚饭后。
⑩ 不亚于广东、福建等地。

一边探讨学问，进行学术和文化交流，此举被美称为“茶杯精神”或“茶壶精神”。

茶入谚语、楹联、谜语中，孕育出许多古朴纯雅又富含哲理、口耳相传的茶叶谚语、茶联，如“粗茶淡饭”[①]，“高山多雾出名茶”，“淡茶温饮，清香养人”，“以茶代酒”，“龙井问茶”，“土厚种桑、土酸种茶”；“龙井云雾毛尖瓜片碧螺春，银针毛峰猴魁甘露紫笋茶”，“为爱清香频入座，欣同知己细谈心”，“陶潜善饮，易牙善烹，饮烹有度；陶侃惜分，夏禹惜寸，分寸无遗”，“一掬甘泉，好把清凉洗热客；两头岭路，须将危险告行人”，“坐，请坐，请上座；茶，上茶，上好茶”，“趣言能适意；茶品可清心”。谜面“一盏香茗值千金”，猜一个名著名称，谜底是《茶花女》；谜面“人品即茶品”，猜一句七言唐诗，谜底是“唯有饮者留其名”；谜面“工夫茶尽是工夫”，猜一句五言唐诗，谜底是“草木有本心”；谜面“品茗一定康安”，猜一个茶叶化学名词，谜底是“茶单宁”；谜面“梅放一枝春”，猜一个茶类名称，谜底为“花茶”；谜面“茶、献茶、献香茶”，猜一个四字选矿术语，谜底是“品位提高”……

本书前文已提到茶叶是有味道的，即茶汤浸出茶叶中的内含物质[②]达到对人的味觉器官起味觉的临界值[③]。但随着冲泡的次

① 此语早已深入人心。
② 各种呈味成分。
③ 阈值。

数增多，当达不到这个临界值时，茶汤就没味了。喝茶是有益健康的，所以相对而言，喝茶的人比不喝茶的更少生病，或者说生病的概率更低。鉴于茶既有味道又有益健康，于是茶界有句俗语，即“饮茶者得茶寿”。“喜寿”：在书法里面，喜字的草书像七十七，所以七十七为喜寿。“米寿”则是八十八岁。那么茶寿呢？茶字的上面是二十，人字拆开来是八，下面有个八和十，二十加八十再加八为一百零八，这种拆分虽有点牵强，但寓意深远[①]。

我初次是在皎然的《饮茶歌诮崔石使君》识见“茶道”二字。吴觉农先生认为“茶道是把茶视为珍贵、高尚的饮料，饮茶是一种精神上的享受，是一种艺术，或是一种修身养性的手段”。鲁迅的茶道观认为：“有好茶喝，会喝好茶，是一种‘清福’。不过要享这‘清福’，首先必须有工夫，其次是练出来的特别的感觉。”不同人群、不同文化背景便形成了不同思想、不同价值追求的中国四大茶道。贵族茶道生发于“茶之品”，旨在夸示富贵。雅士茶道生发于“茶之韵”，旨在艺术欣赏。禅宗茶道生发于“茶之德”[②]，旨在参禅悟道，“茶禅一味”包含苦、静、凡、放的思想基础，一茶一禅，曲径相通。世俗茶道[③]生发于“茶之味”，旨在享乐人生。

---

① 高僧从谂和虚云均嗜茶，寿 120；茶界泰斗张天福先生寿 108；日本清水寺长老大西良庆寿 108。

② 茶有三德：驱除睡魔；帮助消化；不发，指可抑制欲望。

③ 茶是雅物，亦是俗物。

净慧法师重申“茶道精神”有四字：正、清、和、雅[①]。“儒家积极入世为民谋利的堂堂正气，道家仙风道骨的清气，佛家众生平等的和气，三者整合起来，然后把它提纯，成为一种生活艺术品位，这就是雅气。”“涵养清净心、平常心就是回归本心。回归于自然之心、纯朴之心，就是茶的心情。用清净的茶涵养平常心，用平常的心品味清净茶，才能够得到轻松活泼健康的心境，这是我们在喝一杯茶时应当体会到的意蕴。”茶一旦置身于大自然之中，就已不仅仅是一种物质产品，而是人们契合自然、回归自然的媒介。茶入道即生武当道茶、青城道茶、齐云道茶、龙虎道茶等。茶入佛则有蒙顶禅茶、峨眉禅茶、径山禅茶、五台山佛茶、九华佛茶、普陀佛茶等。

《古人云挚友三品》阐述了挚友应该具有的品行：

一如粥，粥之一品，暖身暖心。不戚戚于贫贱，不汲汲于富贵，在你失意时、灰心时，给予帮助与觉悟。

二如水，君子之交淡如水。不热烈，不张扬，默默相伴，若即若离亦不弃。

三如茶，茶之一味，清雅，高洁。如茶之友能陶冶你，提升你，彼此缘于品，敬于德，惺惺相惜，无须言语亦能相知相融。

上文对挚友之间的品行做了总结，将茶作为“三品”之一，足显茶在交友之中的重要位置。如一起品茶的朋友能陶冶你，提

---

① 唐代怀海禅师最先提出。

升你，彼此因人品而结缘，敬佩于对方的德行，相识、相助、相互珍惜，无须言语亦会相知相融。

身在礼仪之邦，礼数古已有之。我们经常看到，许久未见的故友来到家中[①]，寒暄几句后，不是先上酒菜，而是吩咐家里人去泡壶好茶来，或者主人亲自煮水泡茶招待客人。所以，先喝杯茶，可解客人路途跋涉之渴[②]，同时也是对客人的一种尊重，这就是茶之礼。“有朋自远方来，不亦乐乎！”“清茶一杯，不成敬意”，就当“以茶为缘，不亦舒乎！”茶好人好情更好。喝茶的人，经常都会做这样一件事情——以茶会友。三五好友围坐在茶桌前，品茗畅聊[③]。喝茶已然成为人们交往中非常轻松愉快的重要活动之一。

茶，就是有这样的包容性，可以包容各种各样的人，也可以承载各式各样的事。喝茶本身也是一种习惯、涵养、修行，主人以茶会友，是一种开诚布公的态度，是一种心诚，从选茶、煮水、泡茶、斟茶、奉茶、品茶，每一步都体现着主人的个人修养，抑或是性情，更是把自己的修养品行展现给朋友。再者，茶的主人，也会从你的一举一动中观察你的品行。喝茶就像一面镜子一样，通过喝茶可以体现人的不同心境，或稳重、或急躁，或儒雅、或粗鄙，在茶桌上便可晓其端倪。

① 或接人待客。

② “清茶为你洗风尘”。

③ “一杯香茶传友谊”。

我依稀记得小时候[1]有“恰茶”的习俗，一般是家里或村里集体干事情，请了些帮工，上午工作了一段时间，11时左右大家便会一起恰茶、吃食[2]，相互敬茶劝吃、且饮且食，即能解渴充饥，又可以借其小憩，谈事叙话。现今，唤亲朋来自己家玩或相聚，也会说成“来我家喝茶”，同时这样说很多情况下也包含“来吃饭”的意思。旧时农村建房传统习俗盛行“建房茶”，即上梁时要在梁木正中凿眼，投放米、茶叶、朱砂、银子等，以求吉利。传统拜师学艺素来须行“递帖拜师、叩首敬茶”之礼，以讲究尊师重道。以茶祭祀、茶入音乐、茶入棋道、茶入邮票及画报；茶与香道、茶与花道、茶与旅游及文创、茶与美学……“天育万物皆有至妙，人之所工，但猎浅易。”茶文化博大精深，我怀持“知也有崖”“不知为不知”的敬畏，就坦诚地将其他精妙的茶文化以省略号作答。

1958 年 3 月，毛泽东主席（1893—1976）在四川成都召开中共中央政治局扩大会议，在了解蒙山茶的历史后，作出重要批示：蒙山茶好，蒙山茶要发展，要与广大群众见面，要和国际友人见面！当年 9 月 16 日，毛主席在安徽省六安市舒城县舒茶人民公社向全国人民号召：“今后要在山坡上多多开辟茶园。”此举极大地推动了茶叶生产的大发展。毛主席一生爱茶，不仅要喝

---

① 九十年代。

② 米果、花生、烫皮、鸡蛋等丰富的有别于正餐的饮食。

浓茶，还爱把茶叶渣嚼碎吃下，每月喝掉二三斤茶是常事。但他从不借主席之名假公济私，喝茶不费公款，用的都是自己的工资，地方赠送的茶也都回信称谢并自己付钱，还说自己的生活里有四味药：吃饭、睡觉、喝茶、大小便。青年毛泽东游学期间品尝了来去茶馆的安化黑茶后，连连称赞“好，妙！黑茶之乡，名不虚传”，并书写对联：为名忙，为利忙，忙里偷闲，喝杯茶去；劳心苦，劳力苦，苦中作乐，拿壶酒来。

当代“茶圣”吴觉农先生（1897—1989）这样描述茶人风格：“我从事茶叶工作一辈子，许多茶叶工作者、我的同事和我的学生同我共同奋斗。他们不求功名利禄、升官发财，不慕高堂华屋、锦衣美食，不沉溺于声色犬马、灯红酒绿，大多一生勤勤恳恳、埋头苦干、清廉自守、无私奉献，具有君子的操守，这就是茶人风格。”吴老在《茶叶工作者的当前任务》一文中慷慨激昂地说道：“茶叶工作者，既然献身于茶业，就应以身许茶，视茶为第二生命。”此等胸襟令人可敬可佩！

苏步青先生（1902—2003）平生嗜茶，特别好饮上等绿茶，在浙江大学西迁贵州湄潭期间写有不少茶诗章，如《试新茶三首》：“客中何处可相亲，碧瓦楼台绿水滨。玉碗新承龙井露，冰瓷初泛武夷春。皱漪雪浪纤纤叶，亏月云团细细尘；翠色清香味可亲，谁家栽傍碧江滨。摘来和露芽方嫩，焙后因风室尽春。当酒一瓯家万里，偷闲半日尘无尘。荷亭逭署堪留客，何必寻僧学雅人；祁门龙井渺难亲，品茗强宽湄水滨。乳雾香凝金掌露，冰心好试玉壶春。若余犹得清中味，香细了无佛室尘。输与绮窗消永昼，落花庭院酒醒人。”《临江仙》：“山县寂寥春已半，南郊茶室偏幽。一瓯绿泛细烟浮。清香越玉露，逸韵记杭州……”近代以来，孙中山、蔡元培、梁启超、黄炎培、于右任、李叔同、鲁迅、马一浮、周作人、董必武、夏丏尊、朱德、钱玄同、李大钊、陈寅恪、胡适、陶行知、郭沫若、阿炳、叶圣陶、张恨水、金善宝、林语堂、冯友兰、傅斯年、茅盾、胡浩川、郁达夫、徐志摩、苏雪林、吴觉农、朱光潜、周恩来、朱自清、刘少奇、郑振铎、老舍、闻一多、冰心、夏衍、陈毅、沈从文、梁实秋、巴金、林徽因、周有光、王泽农、赵朴初、庄晚芳、钱仲联、钱钟书、杨绛、季羡林、聂耳、启功、李尔重、唐弢、陆春龄等先辈均爱喝茶，有关茶的诗、联、文章等作品稍一翻书便可阅览到。赵朴初的茶诗就是其中的隽拔，是当代茶文化的瑰宝。启功评赞赵老的诗是“庄者足以通禅，谐者可以风世”。

2005 年，第七届中国武夷山大红袍茶文化节上，武夷山大红袍母树茶拍出天价，20 克 20.8 万元，成为世界上最贵的茶叶。

金瓜贡茶是国家二级文物，现存的真品仅有两沱，被誉为“普洱茶太上皇”，分别保存于北京故宫博物院和杭州中国农业科学院茶叶研究所。2007 年，云南人民将金瓜贡茶迎回普洱市，单单投保的金额就达到 1999 万元。

2008年3月，胡锦涛主席在中国人民大学观看中日两国茶道、茶艺表演时提出："茶事高雅，茶味清香，以茶为缘，以和为贵。"同年8月，北京奥运会开幕式展示大"茶"字画卷，充分展示了中国茶文化。

2020年3月31日，习近平主席考察杭州湿地保护利用和城市治理情况时，在深潭口民俗非遗文化展示区域，从正在炒茶的大锅里抓了一把茶闻香，并与制茶师傅亲切交流时说道："两个巴掌做出来的东西，有些科技还是无法取代的。"2020年5月21日是联合国确定的首个"国际茶日"，习主席指出："茶起源于中国，盛行于世界。联合国设立'国际茶日'，体现了国际社会对茶叶价值的认可与重视。作为茶叶生产和消费大国，中国愿同各方一道，推动全球茶产业持续健康发展，深化茶文化交融互鉴，让更多的人知茶、爱茶，共品茶香茶韵，共享美好生活。"

有不少朋友或多或少听到过这样的调侃"年轻人喝茶看书，似乎过上了老年人退休的生活"，虽是玩笑话，心里不免有点不屑。如此定论，有识之士却不以为然。茶，雅俗共赏、老少皆宜。唐代齐己《咏茶十二韵》："百草让为灵，功先百草成。甘传天下口……妙尽陆先生"。唐代郑遨《茶诗》"嫩芽香且灵，吾谓草中英"。北宋秦观《茶》"茶实嘉木英，其香乃天育"。古人云“三岁知音，七岁知老”，有的地区[1]早已提出了“茶为国饮，要从娃娃抓起”[2]，把茶文化进学校作为实现“茶为国饮”的一个最重要的举措。誉为“中国茶都”的杭州，就是全国首个通过立法[3]来确定“全民饮茶日”[4]的城市。茶早已成为国人美好生活的元素之一。

庄晚芳先生（1908～1996）探索中华茶道，凝练陆羽精神及《茶经》精粹，将“茶道”定义为“一种通过饮茶的方式，对人民进行礼法教育、道德修养的一种仪式”，建议把茶文化知识列入中小学素质教育内容。庄先生提出了“中国茶德”的设想，将“中国茶德”精辟地概括为“廉、美、和、敬”四字，将现代茶文化提高到了一个新的境界。所谓“廉”就是“廉俭育德，清茶一杯，推行清廉[5]，以茶敬客，以茶代酒，减少‘洋饮’，节约外汇”；“美”就是“美真康乐，共品美味[6]，共尝清香，共叙友情，康乐长寿”；“和”就是“和诚处世，德重茶礼，处好人际关系[7]”；“敬”就是“敬爱为人，敬人爱民[8]，助人为乐，器净水甘，妥用茶艺”。

① 如上海。
② 全国政协副主席苏步青于政协会议提出。
③ 2009年。
④ 也是谷雨日。
⑤ 俭朴才能达到廉政，有廉政才能养育公德。
⑥ 茶、水、器、境都要美，美要求真，不能作假；器因茶而异，洁净为要。
⑦ 做人要温和，内心要诚。
⑧ 敬老爱幼，从情爱出发，把敬爱结合在一起，以免敬茶表面化。

张天福先生（1910 ～ 2017）的养身健体之道就是饮茶，他说“茶是万病之药，一天也离不开它。茗者八方皆好客，道处清风自然来。”日本“茶圣”千利休总结了“和、敬、清、寂”[①]的日本茶道；韩国自唐文宗时期，新罗使节金大廉把茶籽带回朝鲜半岛，种在智异山双溪寺后，逐渐发展形成了“和、敬、俭、真”的茶礼；新加坡形成了“和、爱、谦、静”的新加坡茶艺；我国台湾省也有“清、敬、怡、真”的台湾茶艺。他认为，这些都不能完整地体现茶文化精神。张良皋先生提出以“俭、清、和、静”为内涵的中国茶礼[②]。俭就是勤俭朴素，清就是清正廉明，和就是和衷共济，静就是宁静致远，这种精神也是中华民族从唐宋以来所提倡的高尚的人生观和处世哲学。

陈宗懋院士有句名言：“饮茶一分钟，解渴；饮茶一小时，休闲；饮茶一个月，健康；饮茶一辈子，长寿。”

我最爱茶润唇、润喉、润身、润心。茶所到之处，无不润之，“如春雨之润花，涵濡而滋液；如清渠之溉稻，涵养而勃兴。”[③]茶，泽润万物，净化身心，对身体有益，于精神轻松愉悦。《说文》：“润，水曰润下[④]。”《康熙字典》释“润”：“泽也，滋也，益也。《易·说卦》雨以润之。”《辞海》释“润”：“①滋润，

---

① 刘元甫禅师《茶堂清规》最先提出。

② 《礼记》：“礼也者，理也”。

③ 摘自《曾文正公家书》。

④ 雨水下以滋润万物。

滋益；②潮湿；③雨水。”我服膺杜甫的“润物细无声”，它多么贴切，多么美妙！因此，我愿在庄先生四字茶德的基础上添一“润”字，构成“廉、美、和、敬、润”的新“中国茶德”。

我很爱喝茶[①]，尤以绿茶居多，感觉饮茶很舒服[②]，不但生津止渴，还可除油腻，有明目、助消化、缓解疲劳、解酒醒脑、静心清神等功效[③]，还有助于交友联谊、沟通心灵、陶冶情操、祛除浮躁、凝神益思。饮茶可以让人凝神定气、增进思维，使人去躁静心、耐得住寂寞[④]。使人耐得住寂寞、守得住冷板凳是难能可贵的，其他如国术站桩、习练书法、垂钓等也有此效。三项之中，站桩[⑤]最舒服，也最符合中医经络学原理和力学原理[⑥]；习练书法艺术性最高；垂钓最有乐趣。饮茶[⑦]和站桩、临池、垂钓[⑧]，四者虽方式方法各异，但实则殊途同归。耐得住寂寞只是做出学问的必要条件[⑨]，充分条件至少还关乎饱学、天赋异禀等因素。像欧拉、高斯那种创出100多项以自己名字命名的，包括

① 据载喝茶有爱茶、学茶、嗜茶、耽茶、恋茶、长茶、惜茶、乐茶、观茶、废茶等十八极境界。

② 科学饮茶不会不舒服。

③ 起码兼解渴和除油腻之效。

④ 清寂宁静。

⑤ 姿势及吐纳导引术。

⑥ 站桩与瑜伽有显著区别。

⑦ 是通过品饮。

⑧ 是通过修炼。

⑨ 非充分条件。

数学、天文、物理等多个科学成果[①]的天赋异禀的天才是寥寥无几的。

明代徐火勃《茗谭》说："余谓一日不饮茶，不独形神不亲，且语言亦觉无味矣……名茶每于酒筵间递进，以解醉翁烦渴。"每当吃饭后，半小时之后便可饮茶（"浓茶可以漱口，消食、除烦腻、坚齿"）[②]。以喝茶来解渴、清神和除油腻对我来说就十分必要，而且是必不可少的生活常态。正如明代许次纾《茶疏》："出游远地，茶不可少。恐地产不佳，而人鲜好事，不得不随身自将。"外出旅行或者出差，我都会自带茶叶，一是自己才知道自己喜欢喝什么茶，外面提供的可能不合口感；二则随身携带方便取用，无须等时间[③]。

爱茶，爱酒，和爱咖啡、可乐、奶茶等新兴饮料，亦同"莲之爱、菊之爱、牡丹之爱"[④]一样，没有一定的程式，全在于自己，"所好不同，并各称珍。"[⑤]就茶而言，对哪一类茶，或具体到这类茶中的什么茶，进而再细分到此茶中的某一系列或款[⑥]，均不必遵循，也并没有标准公式。"食无定味，适口为真"，找到

---

① 包括定理、定律、原理、函数、方程、平面、常数、法、公式、变换、分布、映射、分解、准则、曲线、测度、路径、角、级数、环、模型、图、方阵、力、螺线、圆、光束、曲率、命题等。

② 出自苏轼《仇池笔记·论茶》。

③ 添购或其他方式索取所花费的时间。

④ 出自《爱莲说》。

⑤ 出自《洛阳伽蓝记》。

⑥ 品级、时间、价格、浓淡等。

自己喜欢的、最适合自己的[①]，就是最好的。明代高濂认为“无论行住坐卧，宾朋交接，不当求其奢，而当尚其简，不求荣华显达，唯取适性安逸。”毛主席的养生秘诀是“只吃对的，不吃贵的”。当然，贵的也要有“伯乐”去欣赏。我说：敬茶，存谦逊之美；喝茶，有恬淡之趣；惜茶，为好生之德[②]。

市面上出现不少茶商为了夸大广告效应，而镶之以“刮油神器”“美容圣品”诸如此类的广告词。我想说的是：茶有一定降脂、助消化的作用，但“刮油神器”等字眼过于夸张而不合适、不严谨，会误导消费者。等消费者明白过来，就会发出“不过如此”的感慨。无论何种茶，名人赞句、历史积淀抑或包装、装潢、贮藏等，固然有锦上添花之效[③]。但是，茶叶品质的优良最终还是取决于它本身，即唯物主义教导我们的：科学认识事物应基于本质及其规律。倘若大家[④]都觉得某款茶好[⑤]，那么就是“口之于味也，有同耆[⑥]焉……目之于色也，有同美焉。”[⑦]

毛主席认为中国有两样发明，对世界有着不可磨灭的贡献，第一个是中医中药，第二个就是中国茶。此次新冠肺炎疫情波及

① 陈宗懋说“寻找自己喜欢的茶生活状态”。
② 有人认为茶有第二次生命，《悯农二首》教人惜饭。
③ “诗随茶传，茶因诗贵。”
④ 主要是局外人。
⑤ 前提是真话。
⑥ 古同“嗜”。
⑦ 《孟子·告子章句上》。

全世界，中医药也令世人更加重视。中国是“茶”的发源地，中国茶在欧美一带，被认为是“东方赐予西方的最好礼物——东方神液”，四两武夷岩茶[①]曾有“半壁江山”之誉[②]。浙江省金华市有座茶楼，借“半壁江山”作为匾额，旁边挂了一幅茶联：“谈古论今只惜时日短，品茶挥毫才知韵味长”，读来颇具玩味！我们相信中国茶能每以年进、日以岁增，更加弘扬其与众不同的科学、人文价值，更相信我国能有不亚于“立顿”那样的国际茶品牌，成为像“中国高铁”那样的新的中国名片。

晋代陆机《文赋》道：“余每观才士之所作……每自属文，尤见其情，恒患意不称物，文不逮意，盖非知之难，能之难也……因论作文之利害所由，它日殆可谓曲尽其妙。”我尤其能体会到写作的甘苦，往往意念所想到的却不能完全反映事物，贫乏的言语也不能完全表达思想意识。大概这个问题，不是难以认识，而是难以解决。冯友兰先生在其《中国哲学简史》序言中这般陈情：“譬犹画图，小景之中，形神自足。非全史在胸，曷克臻此。惟其如是……乃觉择焉虽精而语焉犹详也……学者，史料精熟也；识者，选材精当也；才者，文笔精妙也。著小史者，意在通俗，不易展其学，而其识其才，较之学术巨著尤为需要。”该文于茶亦小文耳[③]，实有略之又略、简而求简之意。

① 大红袍。
② 1972 年，四两武夷岩茶大红袍被誉为“半壁江山”。
③ “以为导引可也”。

古往今来，先贤立说著书，常须博览群书、广阅文献，以期融会贯通、抒发自如。笔者于工作之余，攒有限时间，就业余爱好作一番努力，“亦既勉竭绵薄矣”[①]。余撰此文，或可称为“爱茶五部曲”[②]，不妨以工地搬“砖”心态，引茶界他人之“玉”，庶几“嘤其鸣矣，求其友声”[③]，同时也仰借本篇挡一挡饭局中的酒，何幸如之！最后，在下不讳弄斧班门，敢借古人佳什，试撰一联，以作为拙文的结尾，曰：“奇茶妙墨俱香[④]，玮艺瑰诗同美。”

2020 年 3 月 23 日～ 2020 年 7 月 9 日

修改于 2020 年 7 月 10 日～ 2020 年 11 月 19 日

---

① 出自冯友兰。

② 四大国粹之一的国术亦有基础拳路“五步拳”“五行拳”等。

③ 出自《诗经·小雅·伐木》。

④ 茶墨之争事件中，苏轼的回答。

主要参考文献

［1］陆羽．茶经［M］．北京：中华书局，2010.

［2］陆廷灿．续茶经［M］．北京：中国工人出版社，2003.

［3］吴觉农，胡浩川．中国茶业复兴计划［M］．上海：商务印书馆，1935.

［4］吴觉农．茶经述评［M］．北京：中国农业出版社，2005.

［5］王泽农．中国农业百科全书·茶业卷［M］．北京：农业出版社，1988.

［6］陈宗懋．中国茶经［M］．上海：上海文化出版社，1992.

［7］陈宗懋．中国茶叶大辞典［M］．北京：中国轻工业出版社，2008.

［8］陈宗懋，杨亚军．中国茶经［M］．上海：上海文化出版社，2011.

［9］吴觉农．吴觉农选集［G］．上海：上海科学技术出版社，1987.

［10］庄晚芳．庄晚芳茶学论文选集［G］．上海：上海科学技术出版社，1992.

［11］束际林．茶树叶片解剖结构鉴定的原理与技术［J］．中国茶叶，1995(1):2–4.

［12］陈文怀．中国茶树品种演化和分类的商榷［J］．园艺学报，1964(2):191–198.

［13］刘其志．茶的起源演化及分类问题的商榷［J］．茶叶科学，1966(1):36–40.

［14］钟渭基．四川省茶树品种资源初步整理［J］．茶叶科技简报，1978(C1):66.

［15］陈橼，陈震古．中国云南是茶树原产地［J］．中国农业科学，1979(1):91–96.

［16］吴觉农，吕允福，张承春．我国西南地区是世界茶树的原产地［J］．茶叶，1979(1):5–11.

［17］陈兴琰，陈国本，张芳赐，等．我国的大茶树［J］.

湖南农学院学报，1979(3):55–63.

［18］陈兴琰，陈国本，张芳赐，等．中国大茶树［J］．中国茶叶，1980(1):1–5.

［19］钟渭基．四川野生大茶树与茶树原产地问题［J］．今日种业，1980(2):32–35.

［20］陈椽．再论茶树原产地［J］．茶叶通报，1981(1):20–25.

［21］刘宝祥，刘湘鸣．云南茶树原产地考察［J］．茶叶通报，1981(1):11–15.

［22］庄晚芳，刘祖生，陈文怀．论茶树变种分类［J］．浙江农业大学学报，1981(1):41–47.

［23］张宏达．茶树的系统分类［J］．中山大学学报，1981(1):87–99.

［24］陈文怀．茶树起源与原产地［J］．茶叶通报，1981(3):11–16.

［25］吴觉农．略谈茶树原产地问题［J］．茶叶，1981(4):1.

［26］庄晚芳．茶树原产于我国何地［J］．浙江农业大学学报，1981(3):111–114.

［27］刘宝祥．茶树的原始型［J］．茶叶，1981(4):2–4.

［28］米太岩．茶树的起源与原产地［J］．茶叶通报，

1982(1):1–3.

［29］ 史念书 . 中国茶业史略［J］. 农业考古，1983(2): 266–275.

［30］张宏达 . 茶叶植物资源的订正［J］. 中山大学学报，1984(1):3–14.

［31］马湘泳 . 我国茶树的起源在川东鄂西［J］. 中国茶叶，1986(1):22–23.

［32］虞富莲 . 论茶树原产地和起源中心［J］. 茶叶科学，1986(1):1–8.

［33］ 庄晚芳 . 略谈茶树分类和原产地问题［J］. 茶叶，1986(3):1.

［34］ 鲁成银，刘维华，李名君 . 茶种系间的亲缘关系及进化的酯酶同工酶分析［J］. 茶叶科学，1992(1):15–20.

［35］ 陈爱新 . 桂西北是茶树原产地中心的一部分［J］. 广西农业科学，1995(2):94–96.

［36］ 何昌祥 . 从木兰化石论茶树起源和原产地［J］. 农业考古，1997(2):193–198.

［37］闵天禄 . 山茶属山茶组植物的分类、分化和分布［J］. 云南植物研究，1998，20(2):127–148.

［38］ 向应海，鲁新成 . 老鹰茶——贵州大娄山民族民间古茶种［J］. 贵州科学，1998，16(3):216–220.

［39］ 陈亮，虞富莲，童启庆．关于茶组植物分类与演化的讨论［J］．茶叶科学，2000，20(2):89–94.

［40］ 周文棠，郭雅敏，周文建．中国鄂西山地是茶树原产地［J］．农业考古，2001(2):292–294.

［41］ 王平盛，虞富莲．中国野生大茶树的地理分布、多样性及其利用价值［J］．茶叶科学，2002，22(2):105–108.

［42］ 陈亮，杨亚军，虞富莲．中国茶树种质资源研究的主要进展和展望［J］．植物遗传资源学报，2004，5(4):389–392.

［43］ 陈珲．杭州出土世界上最早的茶树种籽及茶与茶釜证明杭州湾地区是茶树起源中心及华夏茶文化起源圣地［J］．农业考古，2005(2):241–243.

［44］ 虞富莲．评陈珲的杭州茶树起源中心说［J］．茶叶，2005(4):207–208.

［45］ 罗朝光，虞富莲．云南茶树种质资源的多样性及其利用［J］．中国茶叶，2006(5):16–17.

［46］ 闵彩云，贾尚智，陈勋，等．湖北茶树种质资源收集保存与品种选育研究进展［J］．茶叶，2008(4):206–207+216.

［47］罗庆芳．贵州高原，茶树主要的起源地［J］．农业考古，2009(2):237–239.

［48］ 鄢东海．贵州茶树种质资源研究进展及野生茶树资

源调查［J］. 贵州农业科学，2009(7):184–187.

［49］ 蒋会兵，王平盛，虞富莲，等 . 云南大围山野生茶树资源考察［J］. 中国茶叶，2009(9):22–23.

［50］ 刘振，赵洋，杨培迪，等 . 湖南省茶树种质资源现状及研究进展［J］. 茶叶通讯，2011(3):7–10.

［51］ 陈珲 . 六千年前世界最早茶树：再证“杭州湾地区是茶文化起源地暨茶树起源中心”［J］. 农业考古，2012(5):1–12.

［52］ 刘声传，段学艺，赵华富，等 . 贵州野生茶树种质资源生化多样性分析［J］. 植物遗传资源学报，2014(6):1255–1261.

［53］ 江新凤，李文金，杨普香 . 江西省茶树种质资源研究进展［J］. 蚕桑茶叶通讯，2016(5):29–31.

［54］ 刘春林，张建，彭益书，等 . 打造贵州茶叶为中国第一品牌战略研究［J］. 贵州茶叶，2018(4):7–10.

［55］ 吴莎莎，尹香力 . 贵州古茶树启动申报全球重要农业文化遗产［N］. 贵阳日报，2019–6–28(002).

［56］ 虞富莲 . 茶源贵州 依据充分［J］. 当代贵州，2019(27):14.

［57］ 谢孝明 . 西南是世界茶叶故乡的深深庭院 贵州是茶树原产地的中心［N］. 贵州日报，2019–7–24(009).

［58］ 胡伊然，陈璐瑶，蒋太明 . 贵州晴隆茶籽化石的发现及其价值［J］. 农技服务，2019(11):83-86.

［59］ 阮浩耕，沈冬梅，于良子点校注释 . 中国古代茶叶全书［M］. 杭州：浙江摄影出版社，1999.

［60］陈祖槼，朱自振 . 中国茶叶历史资料选辑［M］. 北京：农业出版社，1981.

［61］ 于观亭 . 中国茶业大事记［DB/OL］. 道客巴巴在线文档分享平台 .［2017-06-17］.https://www.doc88.com/p-8935671518335.html.

［62］ 陈椽 . 茶业通史［M］. 北京：中国农业出版社，2008.

［63］ 庄晚芳 . 中国茶史散论［M］. 北京：科学出版社，1988.

［64］ 钱时霖 . 中国古代茶诗选［M］. 杭州：浙江古籍出版社 1989.

［65］ 徐海荣 . 中国茶事大典［M］. 北京：华夏出版社，2000.

［66］ 蔡镇楚，施兆鹏 . 中国名家茶诗［M］. 北京：中国农业出版社，2003.

［67］ 刘昭瑞 . 中国古代饮茶艺术［M］. 西安：陕西人民出版社，2002.

［68］ 郭孟良．中国茶史［M］．太原：山西古籍出版社，2002.

［69］ 谢金溪．发扬茶叶文化 前贤遗教长存——吴觉农老人的两封信［J］．茶叶通讯，1990(2):52–53.

［70］曾国藩．曾文正公家书［M］．北京：中国书店出版社，2011.

［71］ 朱海燕，刘仲华，施兆鹏，等．论唐宋茶诗词中茶之审美意象［J］．茶叶科学，2008(2):152–156.

［72］庄晚芳，唐庆忠，陈文怀，等．中国名茶［M］．杭州：浙江人民出版社，1979.

［73］ 王镇恒，王广智．中国名茶志［M］．北京：中国农业出版社，2000.

［74］ 陈宗懋．陈宗懋论文集［M］．北京：中国农业科技出版社，2004.

［75］ 成浩，李素芳，虞富莲，等．安吉白茶特异性状的生理生化本质［J］．茶叶科学，1999(2):87–92.

［76］ 程玉龙．安吉白茶的历史渊源及栽培现状［J］．茶叶通讯，2007(3):26–27.

［77］ 虞富莲．中黄 1 号、中黄 2 号的特异性、一致性和稳定性［J］．中国茶叶，2016(3):14–16.

［78］ 信息宣传部.2019 年中国茶叶产销形势报告

[R/OL] . [2020-3-26] .https://net.fafu.edu.cn/ccyfy/15/0b/c9282a267531/page.htm

[79] 程启坤，倪铭峰 . 茶叶入门 100 问 [M] . 北京 : 世界图书出版公司，2014.

[80] 王梦琪，朱荫，张悦，等 . “清香”绿茶的挥发性成分及其关键香气成分分析 [J] . 食品科学，2019(22):219-228.

[81] 陈宗懋 . 饮茶与健康的起源和历史 [J] . 中国茶叶，2018(10):1-3.

[82] 陈宗懋 . 茶叶抗癌研究二十年 [J] . 茶叶科学，2009(3):173-190.

[83] 陈宗懋 . 青青茶水送健康 [A] .2004 年上海国际茶文化节“茶与健康生活”论坛文集 [C] . 上海 : 上海市茶叶学会，2004:6-8.

[84] 陈宗懋 . 与茶结伴 健康一生 [J] . 生命世界，2005(8):28.

[85] 陈宗懋，朱永兴 . 饮茶至“茶寿” [J] . 生命世界，2005(8):30-35.

[86] 王泽农 . 茶叶发酵的生化机制 [J] . 福建茶叶，1985(4):5-7.

[87] 张天福 . 乌龙茶与健康 [C]// 浙江省茶叶学会，等 . 茶

叶与健康文化学术研究会论文集 .1983:47-50.

[88] 林智，庄丽莲，胡一秀，等 . 乌龙茶减肥功效的研究现状 [J]. 茶叶科学，2001(1):1-3.

[89] 杨晓萍 . 茶叶营养与功能 [M]. 北京 : 中国轻工业出版社，2017.

[90] 贾之慎，杨贤强 . 茶多酚抗氧化作用的研究与应用[J]. 食品科学，1990(11):1-5.

[91] 陈志华 . 茶多酚是食品行业很有前途的天然抗氧化剂 [J]. 食品科学，2001(11):94-97.

[92] 蒋慧颖，马玉仙，黄建锋，等 . 茉莉花茶保健功效及相关保健产品研究现状 [J]. 山西农业大学学报，2016，36(8):604-608.

[93] 龚雨顺，戴申，黄建安，等 . 茶叶的抗衰老作用 [J]. 中国茶叶，2019(8):6-11.

[94] 董建文 . 茶色素的医学效应评价 (摘要) [J]. 中华医学信息导报，1997(21):21-23.

[95] 宛晓春，李大祥，夏涛 . 茶色素及其药理学功能 [J]. 天然产物研究与开发，2001(4):65-70.

[96] 王路，夏春华，田洁华 . 茶皂素在加气混凝土中的应用机理 [J]. 茶叶科学，1992(1):7-13.

[97] 胡平平，李加兴，李忠海，等 . 油茶饼粕茶皂素与

多糖综合提取工艺［J］.食品科技，2012(2):196-200+204.

［98］ 张罗平，徐辉碧，许萍，等.硒对过氧自由基清除作用的直接观察［J］.自然杂志，1985(1):73-74.

［99］ 徐辉碧，孙恩杰，杨祥良，等.硒的生物效应的活性氧自由基机理［J］.华中理工大学学报，1991(5):33-37.

［100］ 宋鸿彬，徐光禄，杨虞勋，等.缺硒与克山病关系的临床评估［J］.陕西医学杂志，1992(10):589-592.

［101］ 徐辉碧，王强.茶叶抗脂质过氧化作用的研究［J］.茶叶，1994(2):11-13.

［102］ 张立伟.硒的营养功能与富硒食品开发［J］.武汉食品工业学院学报，1994(3):8-14.

［103］任大林，王笃圣.121种食品中锗和硒含量的分析［J］.中国食物与营养，1996(1):21-22.

［104］刘国艳.鸡氟中毒的毒理学研究［D］.东北农业大学，2000.

［105］ 王成，田新玲.微量元素硒与人体健康［J］.中国食物与营养，2006(5):53-54.

［106］ 宁婵娟，吴国良.微量元素硒与人体健康及我国富硒食品的开发状况［J］.山西农业科学，2009(5):88-90.

［107］ 李军，张忠诚.微量元素硒与人体健康［J］.微量元素与健康研究，2011(5):59-63.

［108］郭宇. 恩施地区硒的地球化学研究及富硒作物栽培实验研究［D］. 武汉：中国地质大学，2012.

［109］周嫄，王春营. 微量元素硒的生理学功效及如何正确补硒［J］. 河南科技，2014(15):64.

［110］余文权，王峰，陈玉真，等. 福建省典型茶园土壤硒含量及其影响因素研究［J］. 茶叶科学，2020(2):173–185.

［111］张良皋著，李玉祥摄影. 武陵土家［M］. 北京：生活·读书·新知三联书店，2001.

［112］朱江. 仙山守护神——记著名古建筑专家张良皋教授［J］. 武当，2015(5):35–38.

［113］蒋绶春. 探寻恩施人文地理之谜［N］. 湖北日报，2014–9–23(006).

［114］怡夫，正恩. 5 名青年考察“中国之中”定位鹤峰陈家湾岭［N］. 楚天都市报，2006–7–27(008).

［115］杨胜伟. 恩施玉露［M］. 北京：中国农业出版社，2015.

［116］杨胜伟. 巴东真香茗［J］. 茶叶，2011(4):230–233.

［117］杨胜伟，徐国庆，张云. 容美贡茶［J］. 中国茶叶，2012(1):36–37.

［118］杨胜伟，龚自明，邓顺权，等. 恩施玉露茶新

技术、新工艺研究［R/OL］.［2007-4-21］.https://kns.cnki.net/kcms/detail/detail.aspx?dbcode=SNAD&dbname=SNAD&filename=SNAD000001209693&uniplatform=NZKPT&v=TjRX_0fSS4vLAS3aebtm7wiSmhwxKbqub4sQSq1-VJFJy9JBJuh_hYqIjeRZz9Sf96Iwm5BeAw4%3d.

［119］倪德江，张文旗，蒋子祥，等.恩施玉露茶机械化与连续化加工技术研究与示范［R/OL］.［2012-1-11］.https://kns.cnki.net/kcms/detail/detail.aspx?dbcode=SNAD&dbname=SNAD&filename=SNAD000001501283&uniplatform=NZKPT&v=TjRX_0fSS4tXUS0v_NZmUTYpYAm5CGoZZqyf_dPI6GBA5Se2-Vj6iyzp9e6yeomCs5njhQsbO0U%3d.

［120］马作江，陈永波，王尔惠，等.SPME-GC/MS法分析“恩施玉露”茶的挥发成分［J］.中国农学通报，2012(9):249-253.

［121］罗兴武.绿茶“恩施玉露”中氨基酸成分分析及营养价值评价［J］.湖北农业科学，2012(11):2328-2330.

［122］赵瑶，倪德江.恩施玉露典型鲜叶蒸汽杀青工艺研究［J］.中国茶叶，2013(9):13-15.

［123］毛国寅.解码“恩施玉露·长龄1299”［N］.恩施日报，2018-6-6(004).

［124］李彦睿，杜晶，张寅.东湖畔，武陵深处的那盏绿

［N］. 湖北日报 .2018–6–30(007).

［125］王毅 . 新时代的中国 : 湖北，从长江走向世界［N］. 湖北日报 .2018–7–13(001).

［126］曹绪勇，张新华，许爱国，等 ."宜红茶"源流考［J］. 中国茶叶，2017(5):48–52.

［127］傅冬和，刘仲华，黄建安，等 . 茯砖茶加工过程中主要化学成分的变化［J］. 食品科学，2008(2):64–67.

［128］黄浩，刘仲华，黄建安，等 ."发花"散茶中"金花"菌的分离鉴定［J］. 茶叶科学，2010(5):350–354.

［129］黄浩，黄建安，刘仲华，等 . 茯茶"散茶发花"加工过程中茶多酚和碳水化合物及冠突散囊菌数量的变化研究［J］. 中国农学通报，2012(15):227–232.

［130］李适，龚雪，刘仲华，等 . 冠突散囊菌对茶叶品质成分的影响研究［J］. 菌物学报，2014(3):713–718.

［131］黄浩，郑红发，赵熙，等 . 不同茶类发花茯茶中"金花"菌的分离、鉴定及产黄曲霉毒素分析［J］. 食品科学，2017(8):49–55.

［132］程启坤，姚国坤，庄雪岚，等 . 饮茶的科学［M］. 上海 : 上海科技出版社，1987.

［133］庄晚芳，孔宪乐，唐力新，等 . 饮茶漫话［M］. 北京 : 中国财政经济出版社，1981.

[134] 行一.名茶醇香话名泉[J].农业考古,1993(2):39–42.

[135] 陈文怀.茶的品饮艺术[M].台北:时报文化出版社,1987.

[136] 全国茶叶标准化技术委员会.GB/T 23776–2018 茶叶感官审评方法[S].北京:中国标准出版社,2018.

[137] 陈宗懋.我的喝茶经[N].中国科学报,2018–9–7(001).

[138] 徐永成.论茶文化的定义、内涵与功能[J].茶叶,1998(1):44–46.

[139] 姚国坤.中国茶文化[M].上海:上海文化出版社,1991.

[140] 王玲.中国茶文化[M].北京:中国书店出版社,1992.

[141] 舒玉杰.中国茶文化古今大观[M].北京:北京出版社,1996.

[142] 关剑平.茶与中国文化[M].北京:人民出版社,2001.

[143] 于观亭.茶文化漫谈[M].北京:中国农业出版社,2003.

[144] 王岳飞,徐平.茶文化与茶健康[M].北京:旅游

教育出版社，2017.

［145］罗庆芳．黔南、黔西南少数民族饮茶习俗［J］．农业考古，2016(2):101–103.

［146］林淑珠．以茶入菜［M］．汕头：汕头大学出版社，2007.

［147］林治．中国茶道［M］．北京：中华工商联合出版社，2000.

［148］张顺义．中华茶道［M］．北京：线装书局，2016.

［149］何关新．龙井寻香［M］．杭州：杭州出版社，2019.

［150］黄子桐．一盏清茗话科学［J］．中国科技奖励，2020(3):51–53.

［151］上饶县上沪公社．毛泽东思想闪金光万亩茶园满山岗［J］．蚕桑茶叶通讯，1976(3):8–12.

［152］江西省农科院蚕桑茶叶研究所情报资料室．隆重纪念毛主席发出“山坡上要多多开辟茶园”光辉指示二十周年——省农业局召开座谈会［J］．蚕桑茶叶通讯，1978(3):15.

［153］周智修．试论少儿茶艺［J］．中国茶叶，1996(3):23.

［154］丁文莉．千岁世博茶寿星 聚首百年湖心亭［A］．上海市茶叶学会 2009–2010 年度论文集［C］．上海市茶叶学会，

2010:106.

［155］庄晚芳.茶文化与清茶一杯［N］.光明日报，1986-10-8(003).

［156］毛长久.总书记来到我们身边｜让湿地公园成为人民群众共享的绿意空间［N］.杭州日报，2020-4-1(001).

［157］庄晚芳.发扬茶叶文化促进文明建设［J］.茶叶，1987(1):7-8.

［158］庄晚芳.中国茶德——廉美和敬［J］.茶叶，1991(3):1.

［159］庄晚芳.中国茶德［J］.农业考古，1991(4):33.

［160］庄晚芳.再论茶德精神——廉、美、和、敬［J］.茶叶，1993(4):3-4.

［161］张天福.中国茶礼［J］.茶叶科学技术，1997(1):15.

［162］张天福.人生与茶［J］.老同志之友，2010(11):1.

［163］佘燕文，朱世桂.庄晚芳与张天福茶学思想及其比较［J］.农业考古，2017(5):42-46.

［164］［日］荣西禅师.吃茶养生记［M］.王建，译.贵阳：贵州人民出版社，2003.

［165］［美］威廉·乌克斯.茶叶全书［M］.吴觉农，译.北京：东方出版社，2011.

［166］［日］冈仓天心．茶之书［M］．王蓓，译．武汉：华中科技大学出版社，2017.

［167］［美］多尔夫 L. 哈特菲尔德．硒：分子生物学与人体健康［M］．雷新根，王福俤，译．北京：科学出版社，2018.

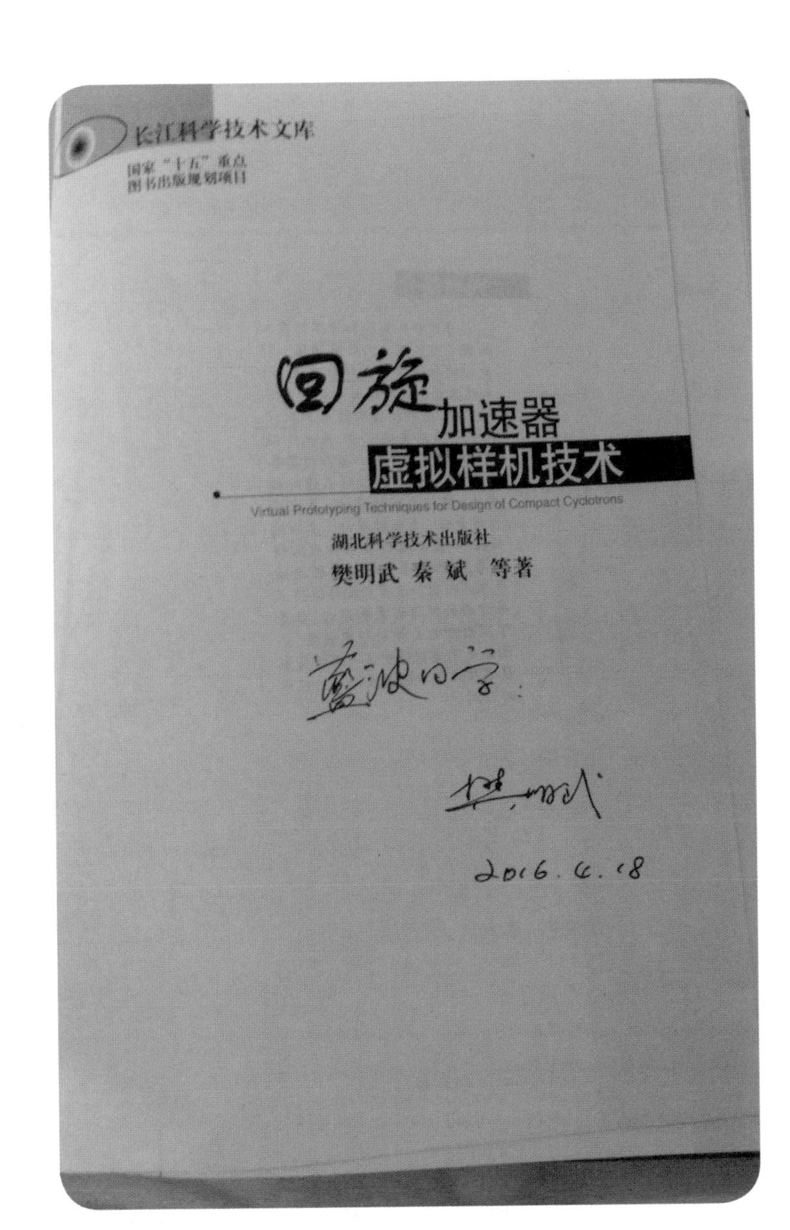
长江科学技术文库
国家"十五"重点
图书出版规划项目
回旋加速器
虚拟样机技术
Virtual Prototyping Techniques for Design of Compact Cyclotrons
湖北科学技术出版社
樊明武 秦斌 等著
2016.6.18

樊明武院士签赠专著

《新建筑》编辑部

地址：武汉华中工学院建筑学系

蓝波同学：

祝贺你找到很合心意的工作单位，又能在杭州金华这样的文化城市间往返留连，这是难得的人生快意的际遇，希望你能借此提升自己的工作能力和品行素养。你要我介绍我自己的建筑作品，那倒不必，我的作品大多都已被拆除成为建筑垃圾，那时代的建筑师很难出现啥个得意之作，很少值得介绍。你所在的杭州和金华近年大有佳作面世，杭州的程泰宁院士作品大多足以传世。金华的洪铁城建筑师是学养很高，善于思考和勤于工作的典型，他在金华江边的一座建筑曾被我赞为“金华一绝”而在《新建筑》杂志上发表了介绍文章。我建议你到金华市国土管理规划局去面谒，他是该局总工程师，他会介绍金华的优秀建筑包括他自己的作品。他的电话：0579-2304960/2115065/662 2281/139 0579 1238。我此函寄你《曹雪芹佚诗新解》两册，一册给你，另一册请你代我面呈洪总，作为见面之礼，我就不必另写介绍信了。《西湖游》一诗，本诗意境都好，只两处不合格律，建议你去修改，附于此函，即祝

事业顺利。

張良皋 2012.1.30

张良皋先生回信勉励作者

"奇素数中值原理"，前半部分比较简单，即给定任意两个奇素数 p_i、p_j 的值（$i\neq j$），则可以计算他们的中值 $N=\frac{p_i+p_j}{2}$（两奇素数关于 N 对称）及差值 $2h=|p_i-p_j|$（对称距离为 h）。因为奇素数 p 都可表示成 $p\equiv 1 \pmod 2$。所有中值 N 组成的集合为 $\{N\}$，所有对称距离 h 组成的集合为 $\{h\}$。后半部分十分困难，令 n 为大于等于4的自然数，试对于任意的 n，存在正整数 k，使得"$n-k$ 与 $n+k$ 同为奇素数"成立，则可算得 $n-k+n+k=2n$，这 k 值十分难求。任意正整数 $n=p_1^{\alpha_1}\cdot p_2^{\alpha_2}\cdot p_3^{\alpha_3}\cdots p_s^{\alpha_s}$，设 $\gamma=\gamma(p,n)$，γ 是 n 的标准分解式中 p 的指数之和，则 $\gamma=\gamma(p,n)=\alpha_1+\alpha_2+\alpha_3+\cdots+\alpha_s=\sum_{i=1}^{s}\alpha_i$，比如 $69=3^1\times 23^1$，那么 $\gamma=\gamma(p,69)=2$，以50为例，不超过50的奇素数 p 有3，5，7，11，13，17，19，23，29，31，37，41，43，47共14个。对应的 $2\times 50-p$ 也有14个数分别是97，95，93，89，87，83，81，77，71，69，63，59，57，53。他们的指数和分别是1，2，2，1，2，1，4，2，1，2，3，1，2，1。这14个指数和相加的总数是 $\gamma=\gamma_1+\gamma_2+\cdots+\gamma_{14}=\sum_{i=1}^{14}\gamma_i=25$，再由素数定理 $R(x)=\pi(x)\sim Li\,x\approx O(\frac{x}{\ln x})$，$x\to+\infty$。$R(50)\approx O(\frac{50}{\ln 50})$，我认为只要

双线稿　　第　页

作者致信杨叔子院士请教数学问题并撰写米寿贺联（节选）1

杨老师身体健康、万事如意。

敬杨叔子院士米寿：

格物致知，求真求善，翱翔机械科技，风骚独领；

育人哲学，立德立言，驰骋教研诗文，冠冕当尊。

此致

敬礼

蓝波于杭州

2020.11.18

作者致信杨叔子院士请教数学问题并撰写米寿贺联（节选）2

作者摄于北京八达岭长城

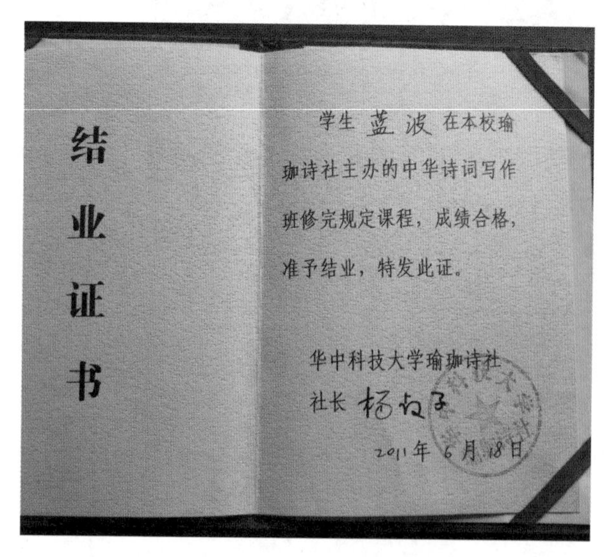

结业证书

学生 蓝波 在本校瑜珈诗社主办的中华诗词写作班修完规定课程，成绩合格，准予结业，特发此证。

华中科技大学瑜珈诗社

社长 杨[illegible]

2011年6月18日

作者诗词写作班结业证书

敬茶、存谦逊之美；
喝茶、有恬淡之趣；
惜茶、为好生之德。

樊明武
二〇二一年四月廿二日

樊明武院士题词

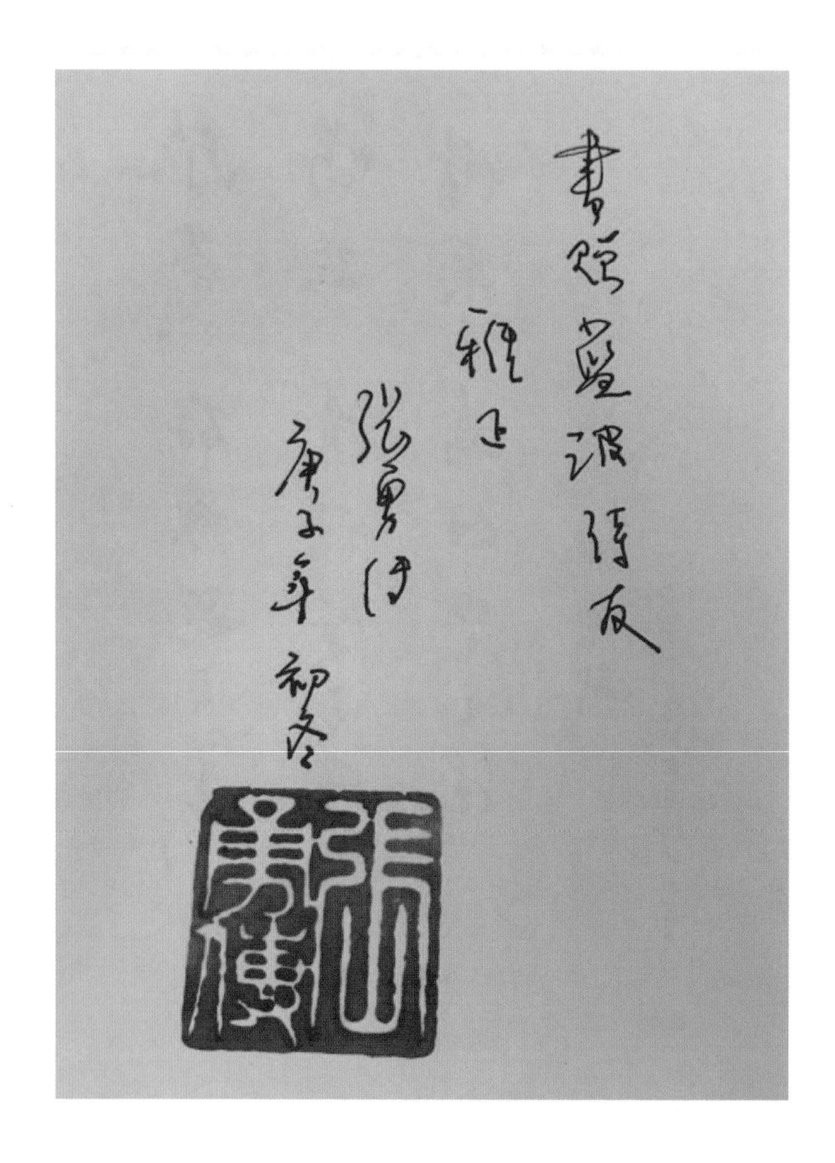

张勇传院士签赠专著

夏雨诗社成立三十周年庆典会　2011 年 6 月 20 日摄

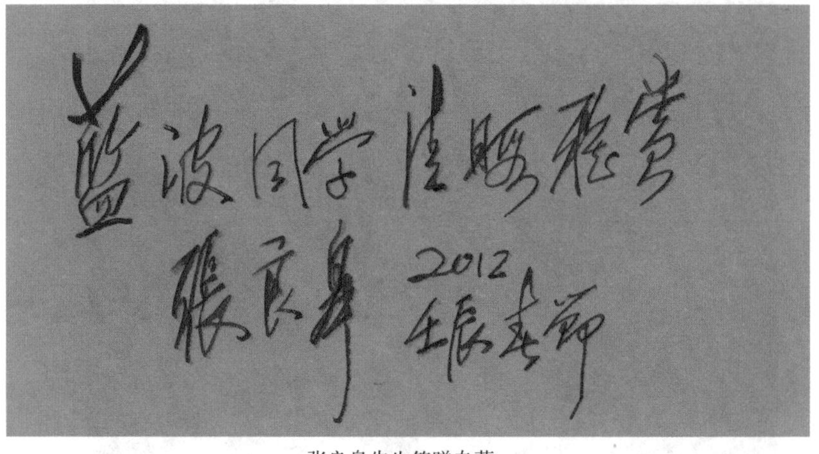

张良皋先生签赠专著